はじめに

このプリント集は、子どもたち自らアクティブに問題を解き続け、学習できるようになる姿をイメージして生まれました。
どこから手をつけてよいかわからない。問題とにらめっこし、かたまってしまう。
えんぴつを持ってみたものの、いつのまにか他のことに気がいってしまう…。
そんな場面をなくしたい。
子どもは１年間にたくさんのプリント出会います。できるかぎりよいプリントと出会ってほしいと思います。

子どもにとって、よいプリントとは何でしょう？
それは、サッとやりはじめ、ふと気がつけばできている。スイスイ、エスカレーターのようなしくみのあるプリントです。
「いつのまにか、できるようになった！」「もっと続きがやりたい！」
と、子どもがワクワクして、自ら次のプリントを求めるのです。
「もっとムズカシイ問題を解いてみたい！」
と、子どもが目をキラキラと輝かせる。そんな子どもたちの姿を思い描いて編集しました。

プリント学習が続かないことには理由があります。また、プリント1枚ができないことには理由があります。
数の感覚をつかむ必要性や、大人が想像する以上にスモールステップが必要であったり、同時に考えなければならない問題があったりします。
教科書問題を解くために、数多くのスモールステップ問題をつくりました。
少しずつ、「できることを増やしていく」プリント集。
子どもが自信をつけていき、学ぶことが楽しくなるプリント集。
ぜひ、このプリント集を使ってみてください。
子どもたちがワクワク、キラキラして、プリントに取り組んでいる姿が、目の前でひろがりますように。

藤原　光雄

シリーズ全巻の特長

◎子どもたちの学びの基本である教科書を中心に学習

○教科書で学習した内容を　思い出す、確かめる。
○教科書で学習した内容を　試してみる、使えるようにする。
○教科書で学習した内容を　できるようにする、自分のものにする。
○教科書で学習した内容を　説明できるようにする。

プリントを使うときに、そって声をかけてあげてください。

- 「何がわかればいい？」
- 「どうしたらいいと思う？」
- 「図でかくとどんな感じ？」
- 「ここまでは大丈夫？」
- 「次は何をすればいいのかな？」
- 「どれくらいわかっている？」

◎算数科６年間の学びをスパイラル化！

算数科６年間の学習内容を、スパイラルを意識して配列しています。
予習や復習、発展的な課題提供として、ほかの学年の巻も使ってみてください。

このプリントの特長

○はじめの一歩をわかりやすく！

自学にも活用できるように、ヒントとなるように、うすい字でやり方や答えがかいてあります。なぞりながら答え方を身につけてください。

○ゆったり＆たっぷりの問題数！

問題を精選し、教科書の学びを身につけるための問題数をもりこみました。教科書のすみずみまで学べる問題や、標準的な学力の形成のために必要な習熟問題もたっぷり用意しています。

○数感覚から解き方が身につく！

問題を解くための数の感覚や、図形のとらえ方の感覚を大切にして問題を配列しています。

朝学習、スキマ学習、家庭学習など、さまざまな学習の場面で活用できます。
解答のページは「キリトリ線」を入れ、はずして答えあわせができます。

もくじ　小学1年生

1 なかまづくりとかず ①

なまえ

1 1を　みつけ、○を　つけましょう。

① 
②
③ 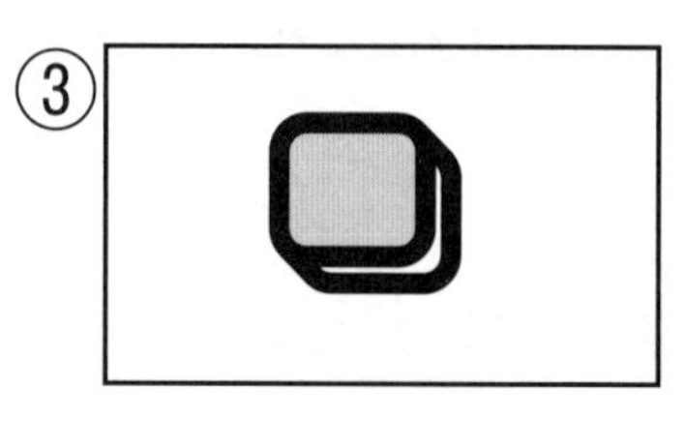

(　　)　(　　)　(　　)

2 すうじを　なぞりましょう。

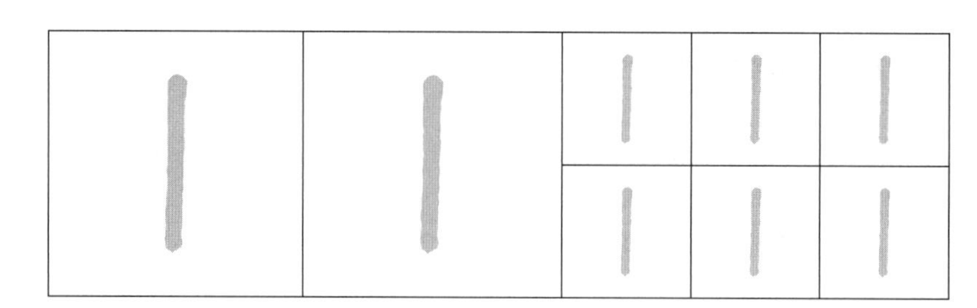

3 えと　おなじ　かずだけ、ぬりましょう。

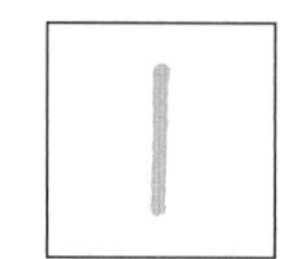

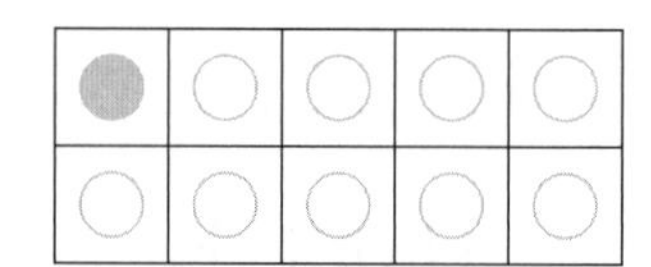

4 えの　かずだけ、まるを　かきましょう。

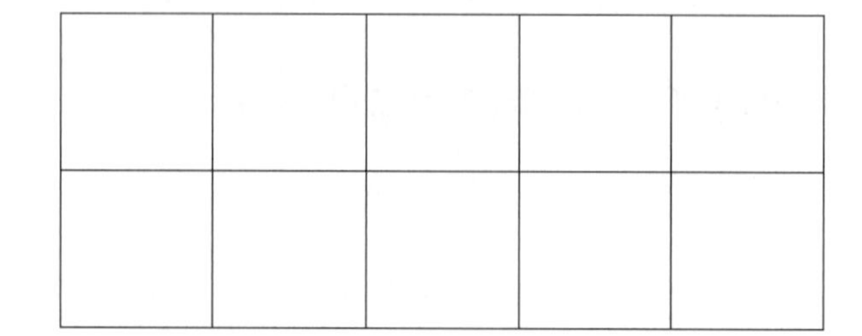

1 なかまづくりとかず ②

なまえ

1 ２を　みつけ、○を　つけましょう。

（　　）　（　　）　（　　）

2 すうじを　なぞりましょう。

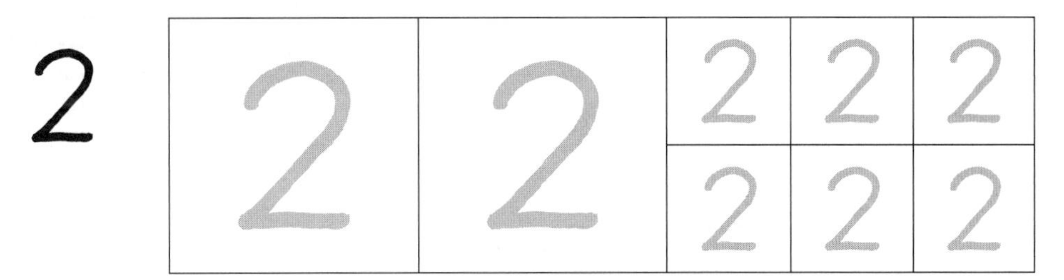

3 えと　おなじ　かずだけ、ぬりましょう。

4 えの　かずだけ、まるを　かきましょう。

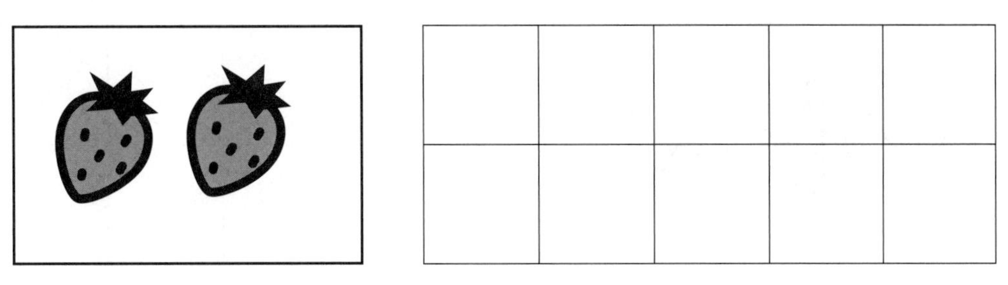

1 なかまづくりとかず ③

なまえ

1 3を　みつけ、○を　つけましょう。

①

（　　）

②

（　　）

③

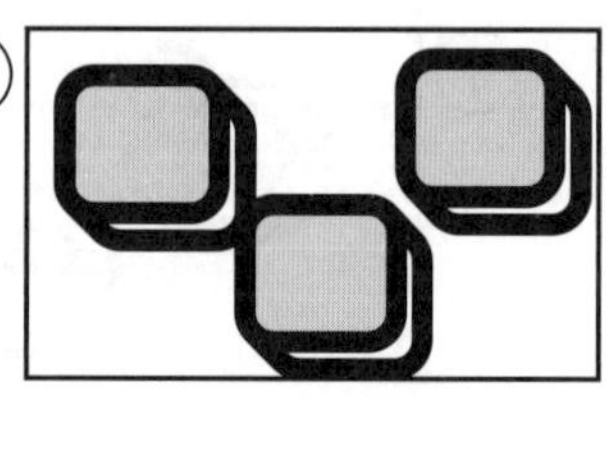

（　　）

2 すうじを　なぞりましょう。

3

3	3	3	3	3
		3	3	3

3 えと　おなじ　かずだけ、ぬりましょう。

3

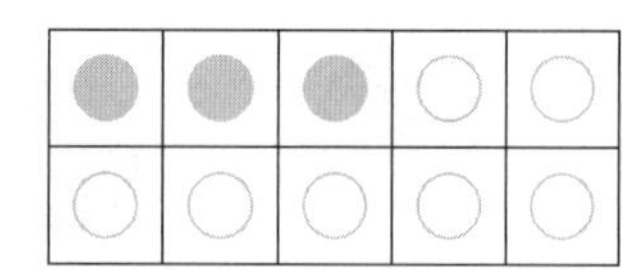

4 えの　かずだけ、まるを　かきましょう。

1 なかまづくりとかず ④

なまえ

[1] 4を　みつけ、○を　つけましょう。

① 

② 

③ 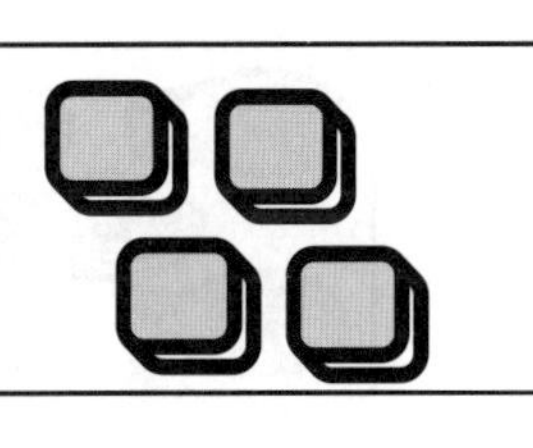

（　　）　（　　）　（　　）

[2] すうじを　なぞりましょう。

4

4	4	4	4	4
		4	4	4

[3] えと　おなじ　かずだけ、ぬりましょう。

4

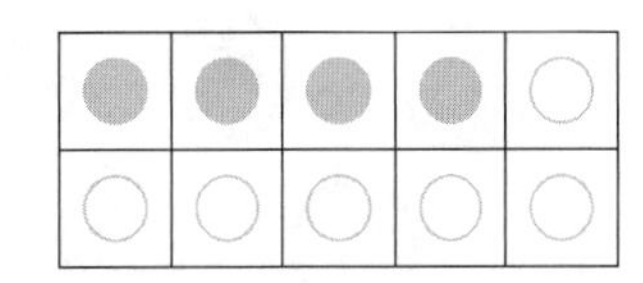

[4] えの　かずだけ、まるを　かきましょう。

1 なかまづくりとかず ⑤

なまえ

1 5を　みつけ、○を　つけましょう。

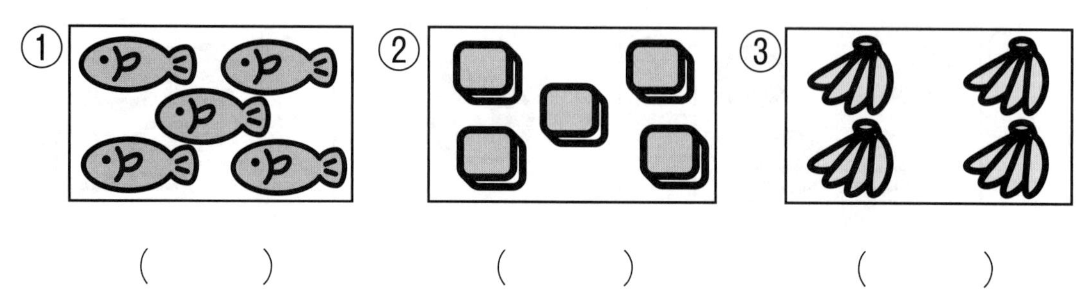

（　　）　（　　）　（　　）

2 すうじを　なぞりましょう。

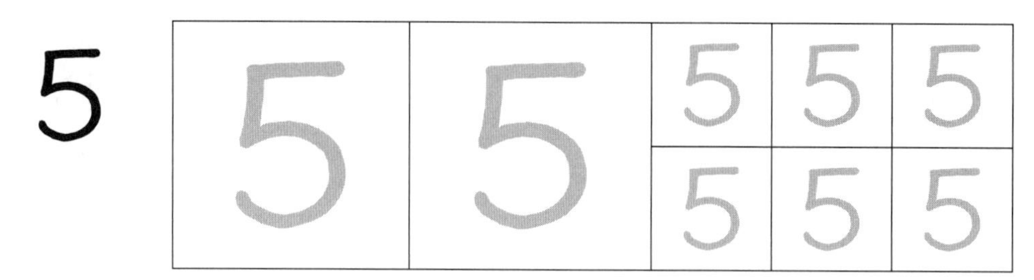

3 えと　おなじ　かずだけ、ぬりましょう。

4 えの　かずだけ、まるを　かきましょう。

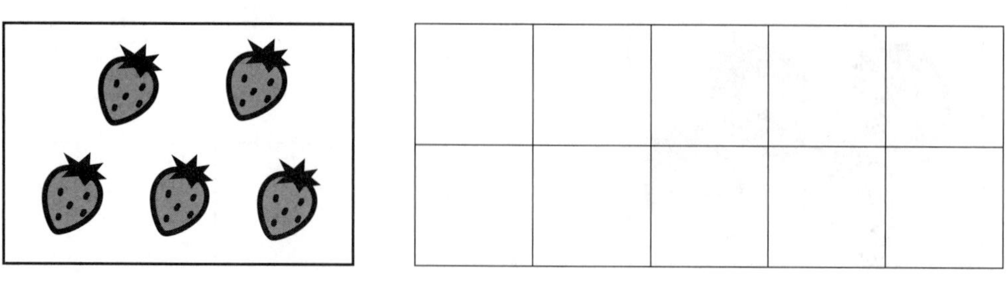

1 なかまづくりとかず ⑥

なまえ

1 6を　みつけ、○を　つけましょう。

① 
② 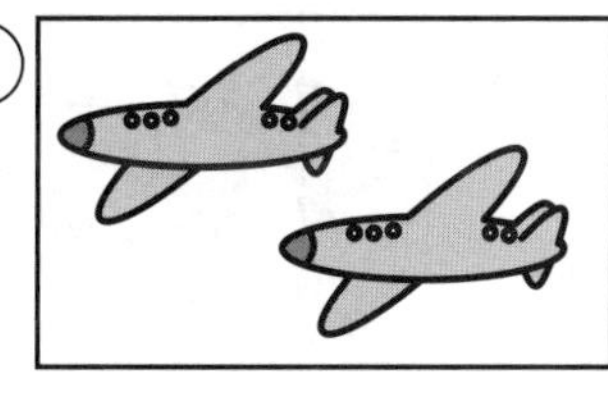
③

（　　）　（　　）　（　　）

2 すうじを　なぞりましょう。

6

6	6	6	6	6
		6	6	6

3 えと　おなじ　かずだけ、ぬりましょう。

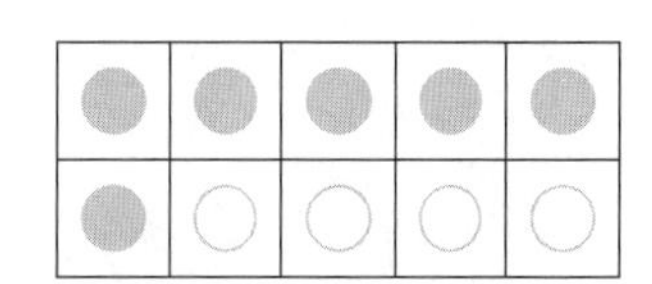

4 えの　かずだけ、まるを　かきましょう。

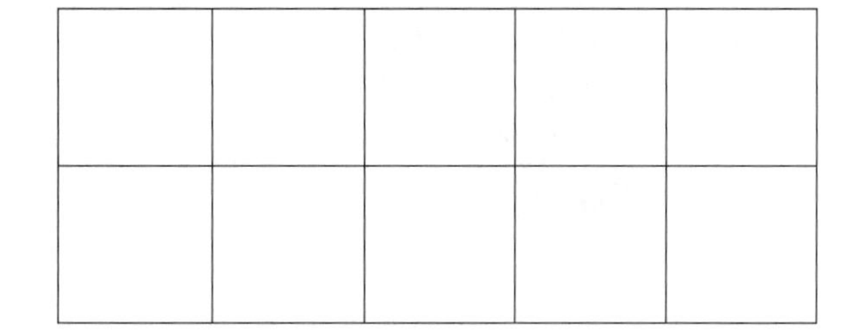

1 7を　みつけ、○を　つけましょう。

① 

②

③ 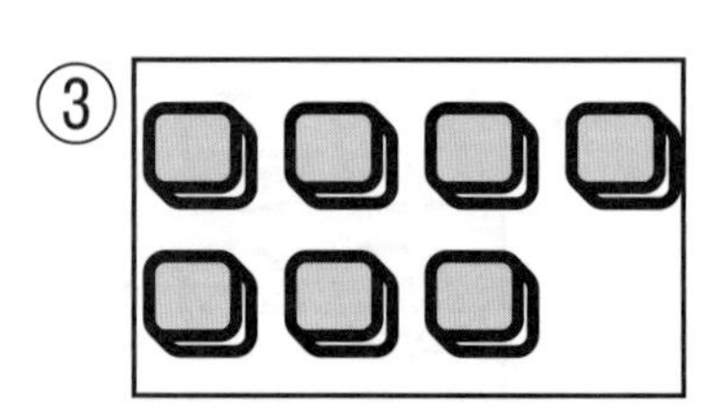

（　　）　（　　）　（　　）

2 すうじを　なぞりましょう。

7

3 えと　おなじ　かずだけ、ぬりましょう。

7

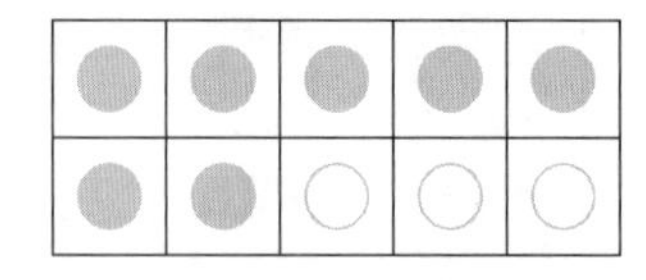

4 えの　かずだけ、まるを　かきましょう。

1 なかまづくりとかず ⑧

1 8を　みつけ、○を　つけましょう。

①

（　　）

②
（　　）

③
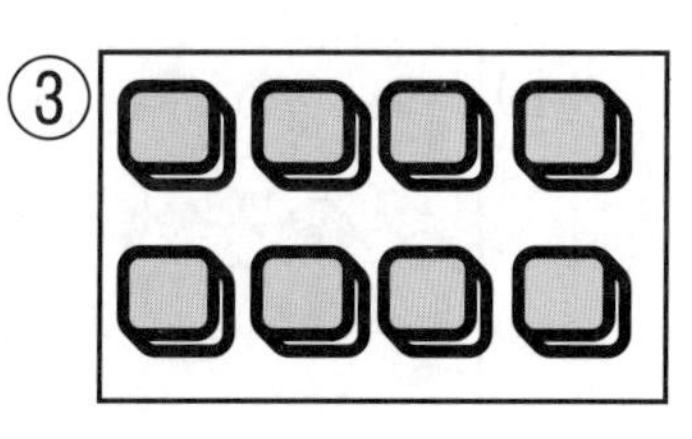
（　　）

2 すうじを　なぞりましょう。

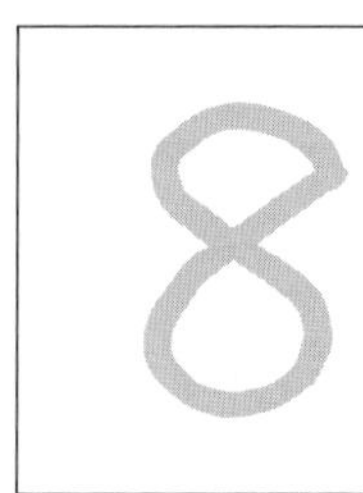

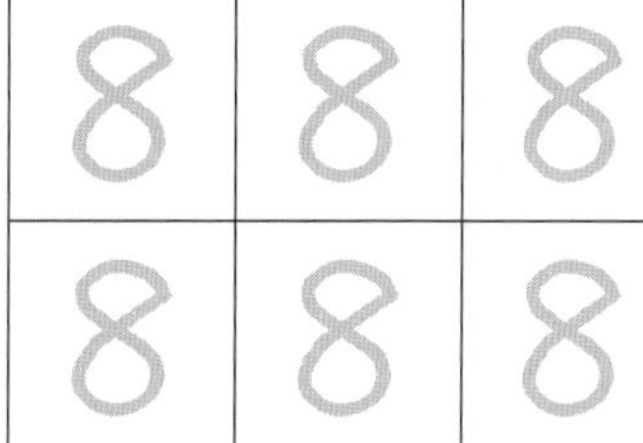

3 えと　おなじ　かずだけ、ぬりましょう。

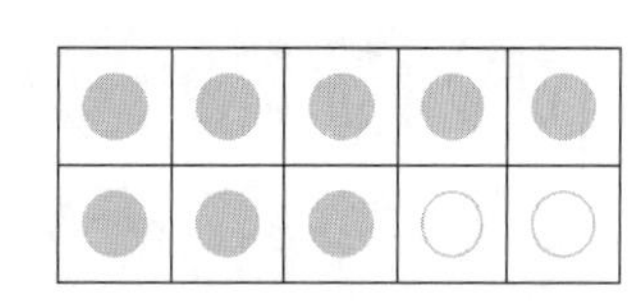

4 えの　かずだけ、まるを　かきましょう。

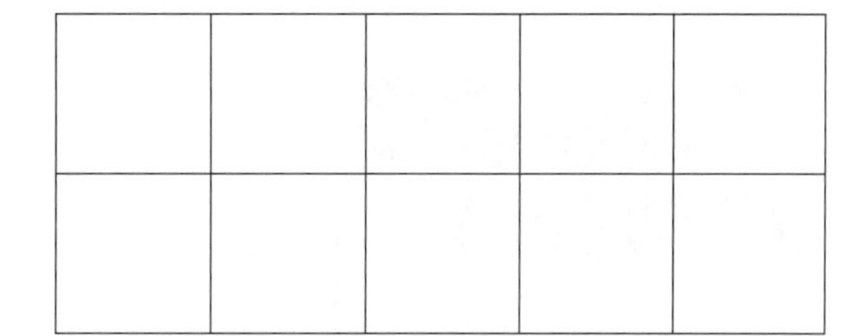

1 なかまづくりとかず ⑨

なまえ

1 9を　みつけ、○を　つけましょう。

①

（　　）

②

（　　）

③

（　　）

2 すうじを　なぞりましょう。

9

3 えと　おなじ　かずだけ、ぬりましょう。

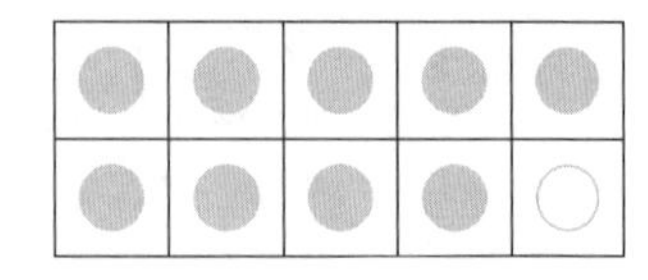

4 えの　かずだけ、まるを　かきましょう。

なかまづくりとかず ⑩

なまえ

1 10を　みつけ、○を　つけましょう。

① 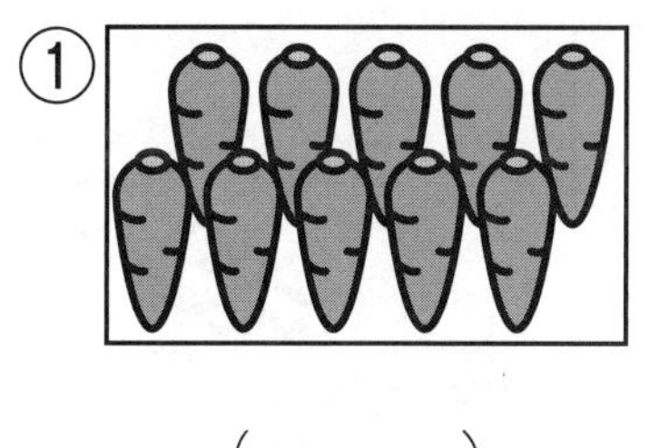

②

③ 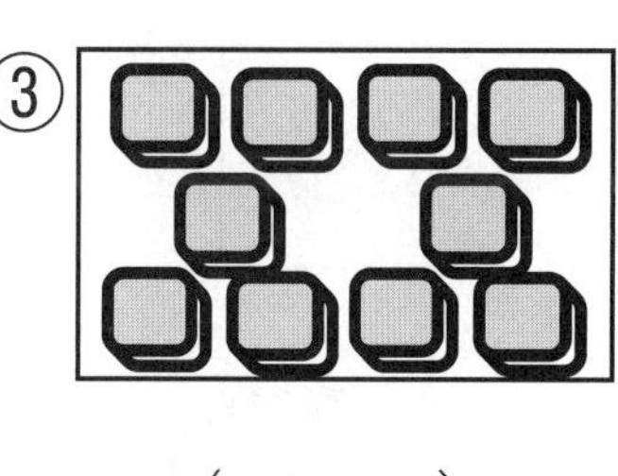

(　　)　(　　)　(　　)

2 すうじを　なぞりましょう。

10

10	10	10	10	10
		10	10	10

3 えと　おなじ　かずだけ、ぬりましょう。

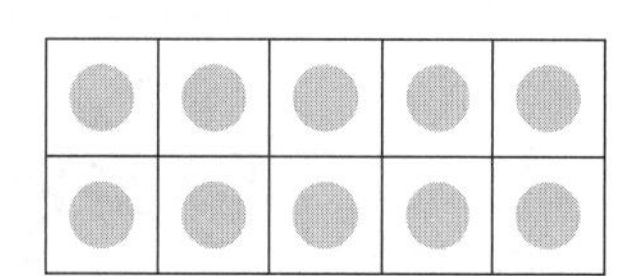

4 えの　かずだけ、まるを　かきましょう。

えを　みて　すうじを　かきましょう。

①

②
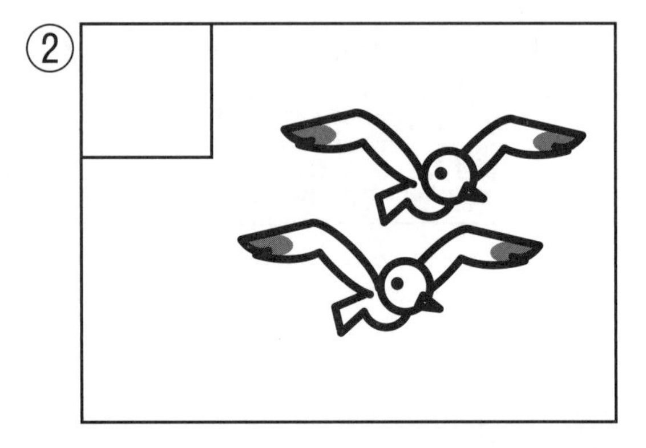

③
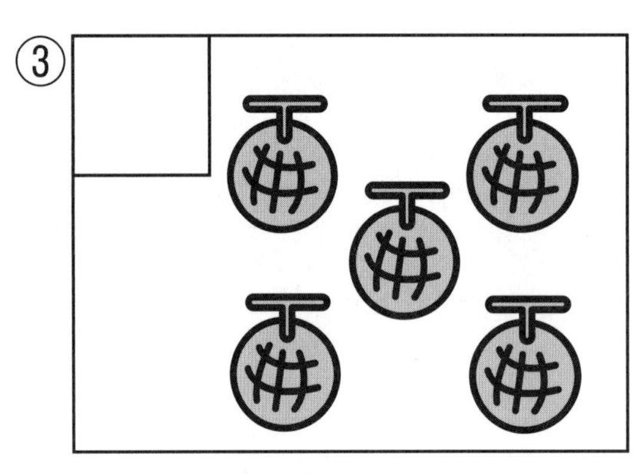

④
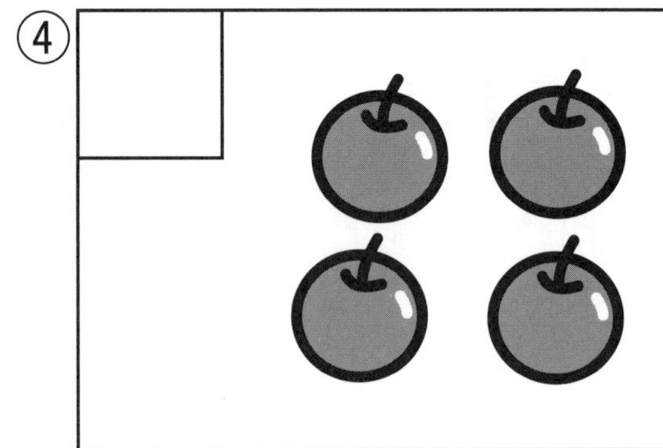

⑤
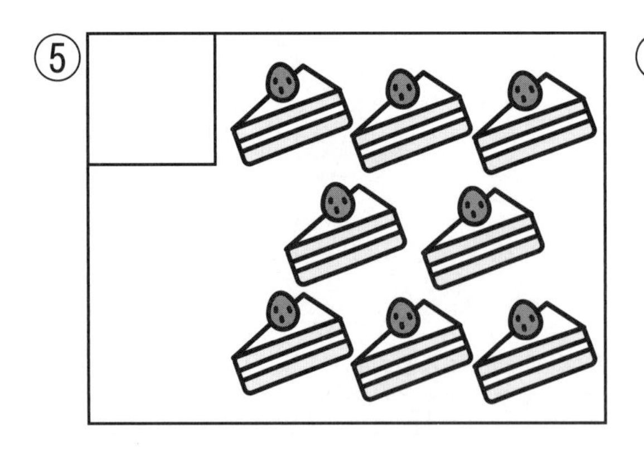

⑥
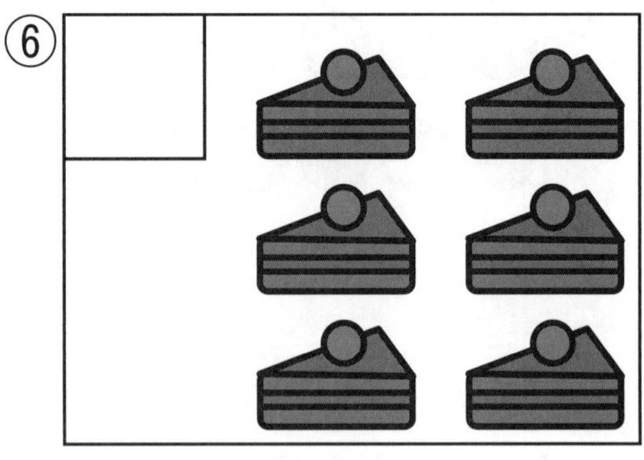

なかまづくりとかず ⑫

えを　みて　すうじを　かきましょう。

①
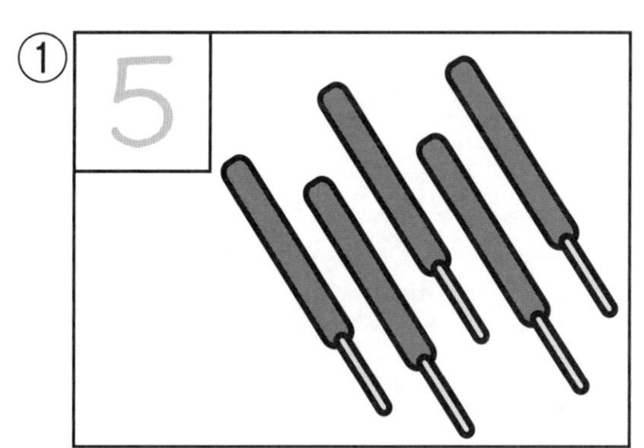

②
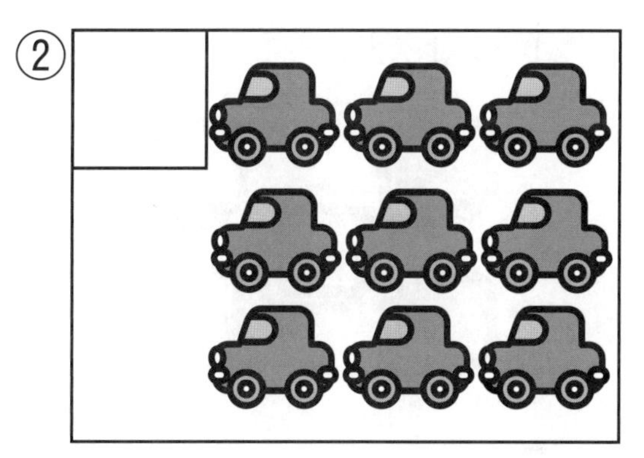

③

④
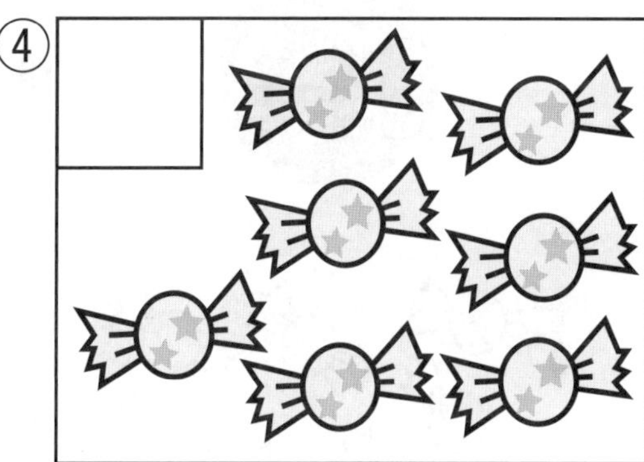

⑤
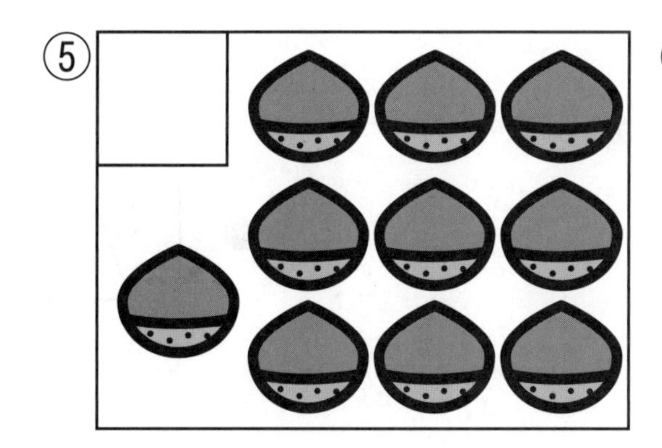

⑥
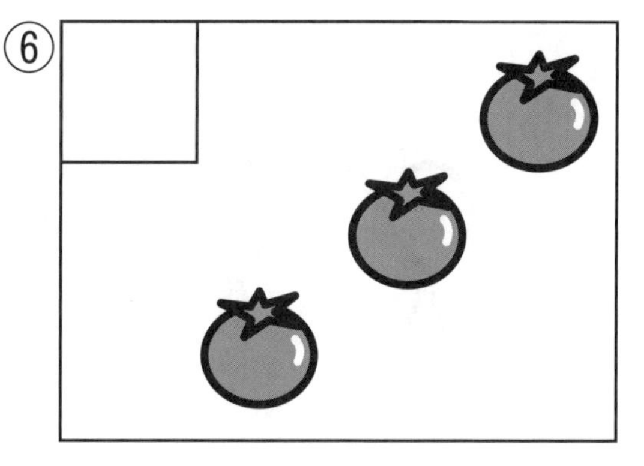

かぞえて　すうじで　あらわしましょう

1 なかまづくりとかず ⑬

なまえ

✿ えの　かずと　おなじ　すうじを　せんで　つなぎましょう。

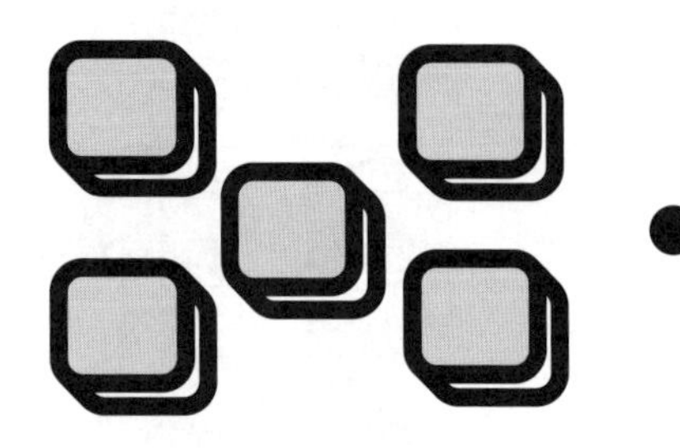

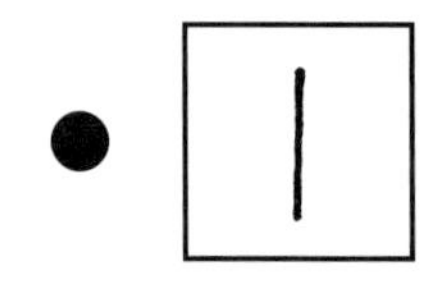

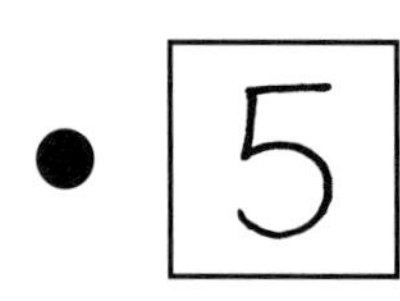

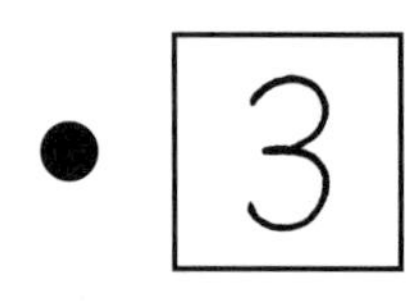

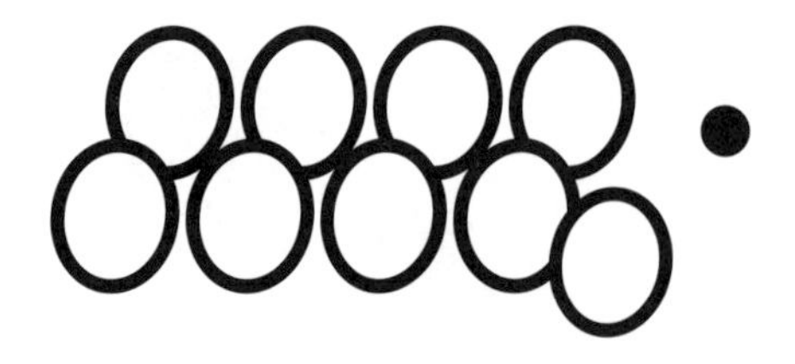

9

7

なかまづくりとかず ⑭

✿ えの　かずと　おなじ　すうじを　せんで　つなぎましょう。

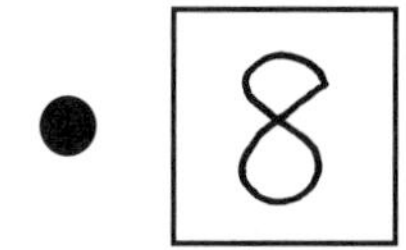

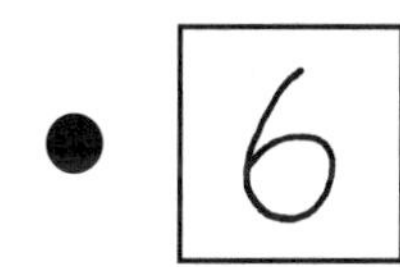

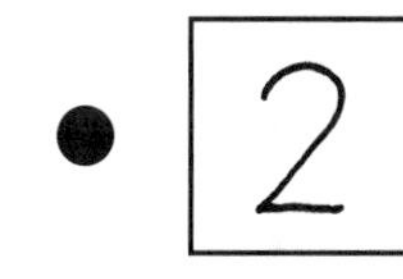

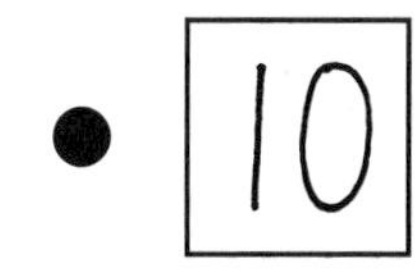

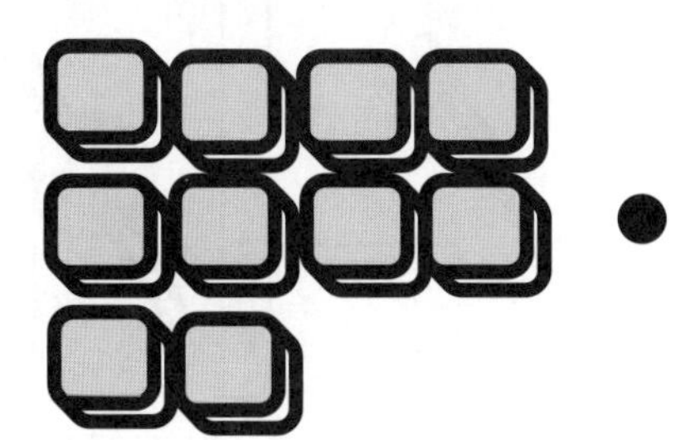

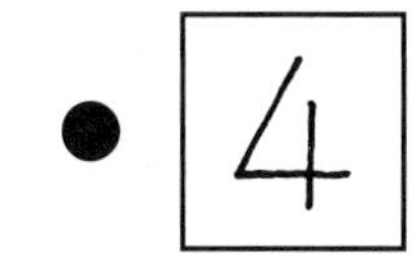

1 なかまづくりとかず ⑮

[1] 0を　みつけ、○を　つけましょう。

①

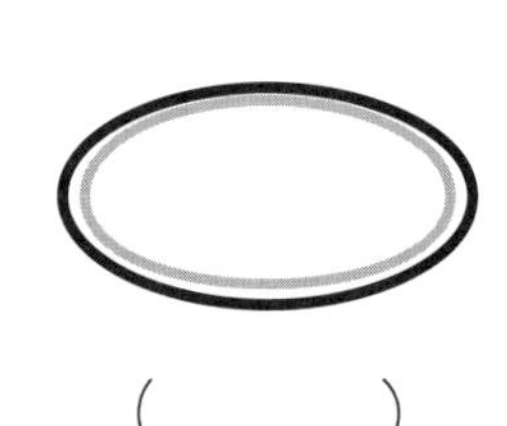

(　　)　(　　)　(　　)

②

(　　)　(　　)　(　　)

[2] すうじを　なぞりましょう。

0

0	0	0	0	0
0	0	0		

[3] えを　みて　すうじを　かきましょう。

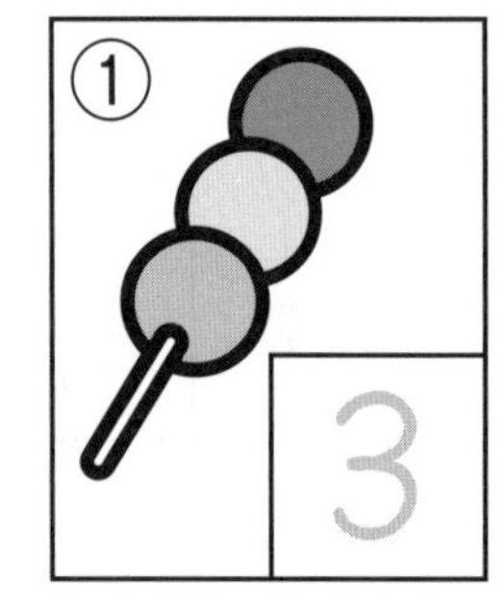

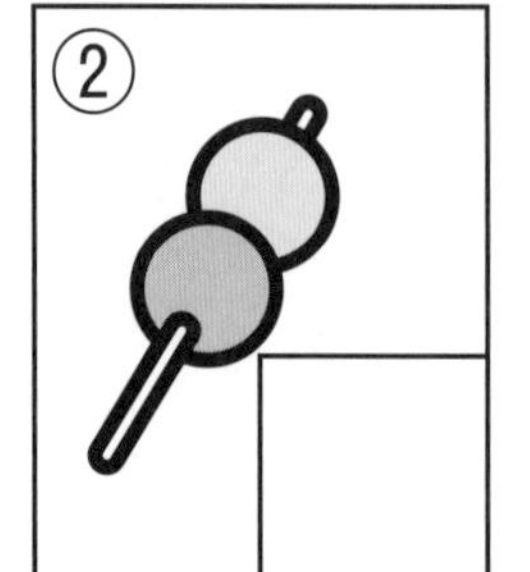

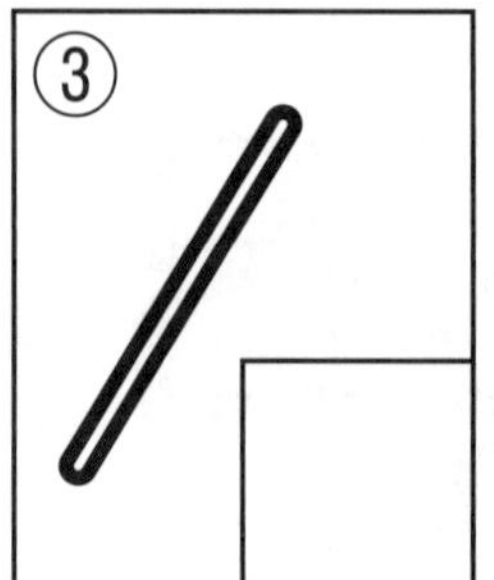

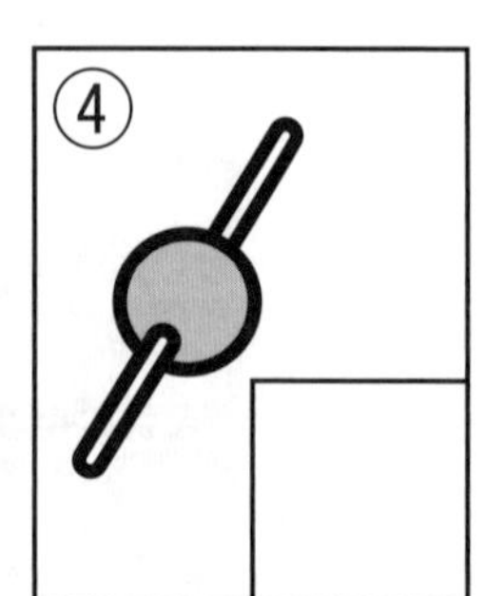

えを　みて　すうじを　かきましょう。

①

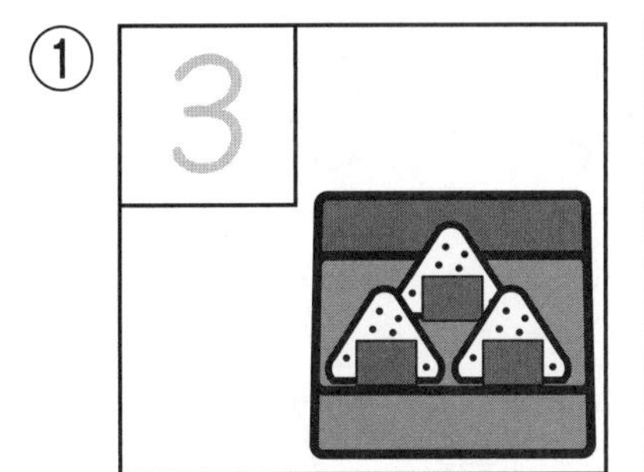

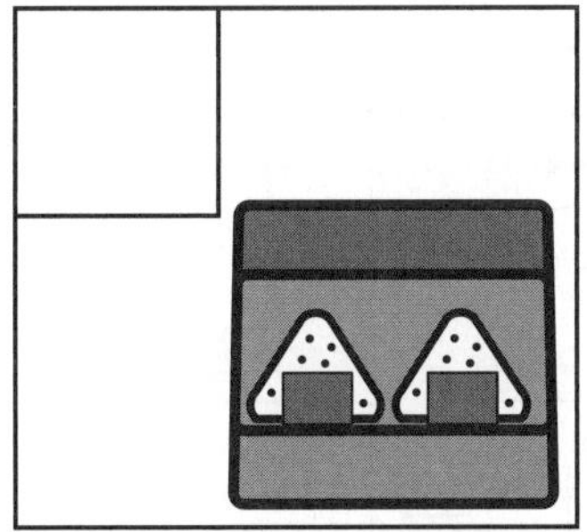

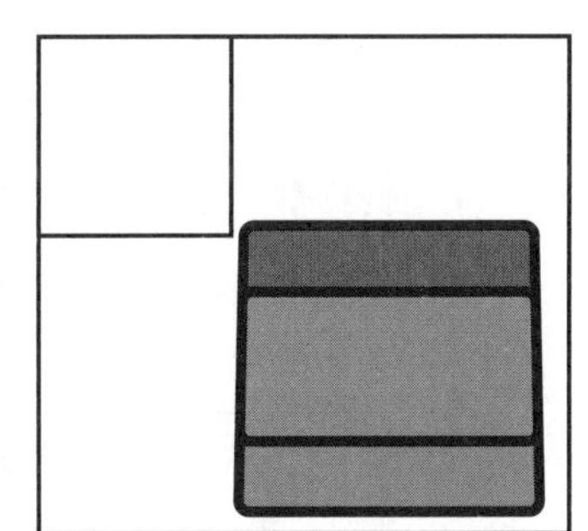

②

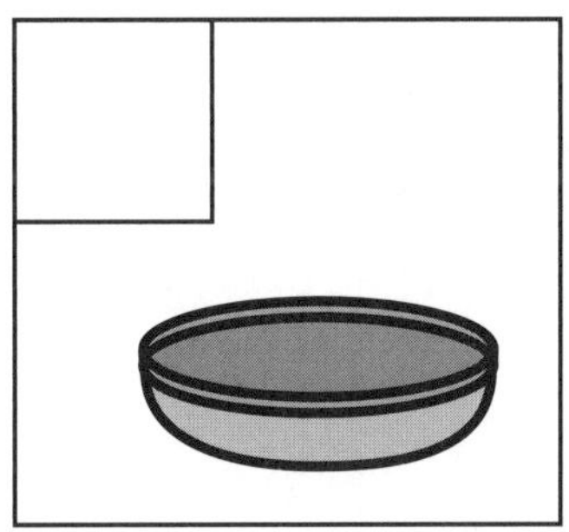

③

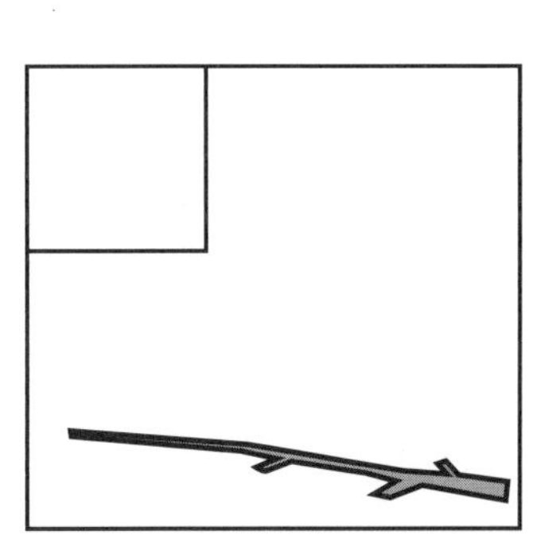

④

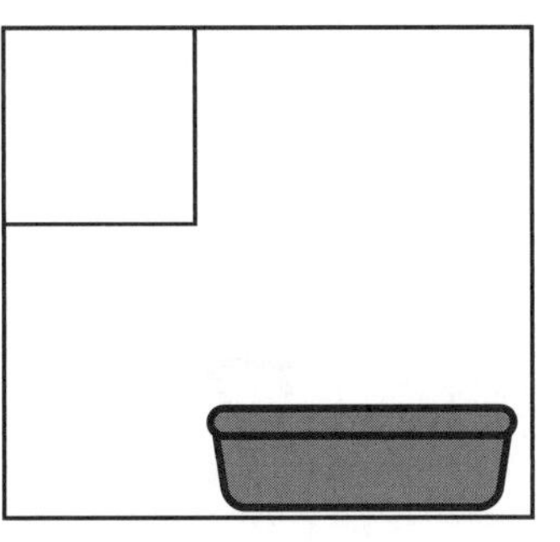

1 なかまづくりとかず ⑰

なまえ

□に　はいる　かずを　かきましょう。

①	1	⇒	2	⇒	3	⇒	4	⇒	5	⇒	6
②	3	⇒	4	⇒	□	⇒	□	⇒	7	⇒	8
③	2	⇒	3	⇒	□	⇒	5	⇒	□	⇒	7
④	4	⇒	□	⇒	□	⇒	7	⇒	□	⇒	□
⑤	5	⇒	□	⇒	7	⇒	□	⇒	9	⇒	□
⑥	□	⇒	4	⇒	□	⇒	6	⇒	□	⇒	8
⑦	□	⇒	□	⇒	7	⇒	8	⇒	□	⇒	□

1 なかまづくりとかず ⑱

なまえ

□に はいる かずを かきましょう。

① 10 ⇒ 9 ⇒ □ ⇒ 7 ⇒ 6 ⇒ □

② 9 ⇒ 8 ⇒ □ ⇒ 6 ⇒ □ ⇒ 4

③ 8 ⇒ 7 ⇒ □ ⇒ □ ⇒ 4 ⇒ 3

④ 10 ⇒ □ ⇒ 8 ⇒ □ ⇒ 6 ⇒ □

⑤ 6 ⇒ 5 ⇒ □ ⇒ □ ⇒ □ ⇒ 1

⑥ □ ⇒ 6 ⇒ □ ⇒ □ ⇒ 3 ⇒ □

⑦ □ ⇒ 9 ⇒ □ ⇒ 7 ⇒ □ ⇒ 5

2 なんばんめ ①

なまえ

かけっこを　しました。
えを　みて　はたに　すうじを　かきましょう。

えを　○で　かこみましょう。

① まえから　3びき

② まえから　4ひき

③ うしろから　2ひき

④ うしろから　5ひき

えに ○を つけましょう。

① まえから 2だいめ

② まえから 4だいめ

③ うしろから 3だいめ

④ うしろから 6だいめ

なんばんめ ④

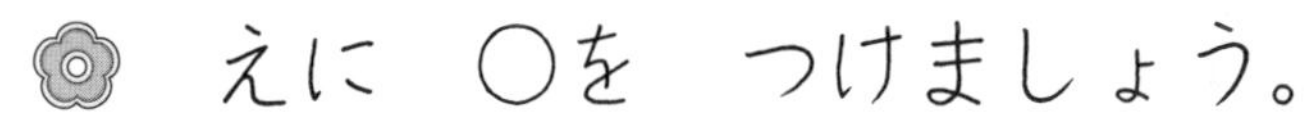

えに　○を　つけましょう。

① うえから 2ばんめ

② うえから 3ばんめ

③ したから 7ばんめ

2 なんばんめ ⑤

なまえ

えは　なんばんめですか。

① は　みぎから [5] ばんめです。

また　ひだりから [2] ばんめです。

② は　みぎから [　] ばんめです。

また　ひだりから [　] ばんめです。

③ は　みぎから [　] ばんめです。

また　ひだりから [　] ばんめです。

④ は　みぎから [　] ばんめです。

また　ひだりから [　] ばんめです。

2 なんばんめ ⑥

なまえ

えは　なんばんめですか。

① は　うえから [2] ばんめです。

また　したから [5] ばんめです。

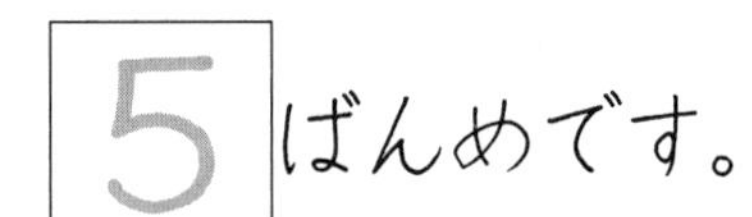

② は　うえから [　] ばんめです。

また　したから [　] ばんめです。

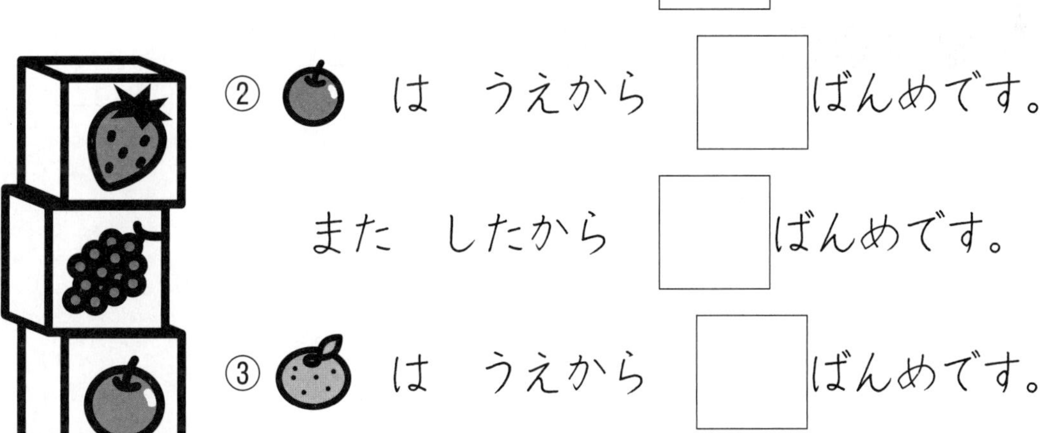

③ は　うえから [　] ばんめです。

また　したから [　] ばんめです。

④ は　うえから [　] ばんめです。

また　したから [　] ばんめです。

⑤ は　うえから [　] ばんめです。

また　したから [　] ばんめです。

1 4は いくつと いくつですか。

① ●○○○　●が 1 こ、○が 3 こ

② ●●○○　●が □ こ、○が □ こ

③ ●●●○　●が □ こ、○が □ こ

2 4は いくつと いくつですか。

① 4 は 1 と □　② 4 は □ と 3

③ 4 は 2 と □　④ 4 は □ と 2

⑤ 4 は 3 と □　⑥ 4 は □ と 1

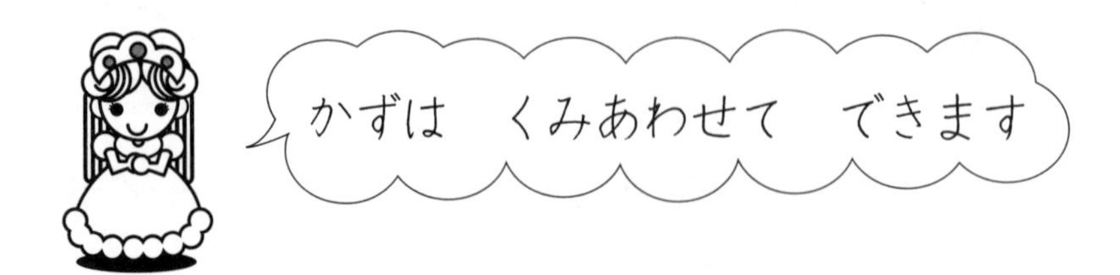

3 いくつと いくつ ②

なまえ

1 5は　いくつと　いくつですか。

① 　●が □ こ、

② ●●○○○　●が □ こ、○が □ こ

③ ●●●○○　●が □ こ、○が □ こ

④ ●●●●○　●が □ こ、○が □ こ

2 5は　いくつと　いくつですか。

① 5 は 3 と □　②  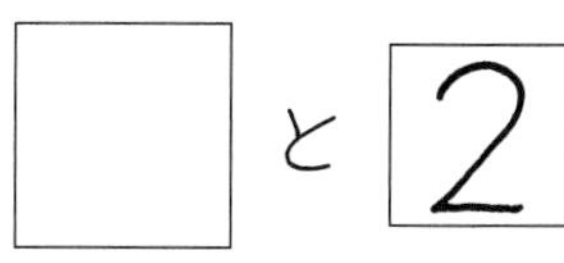

③ 5 は 2 と □　④ 5 は □ と 3

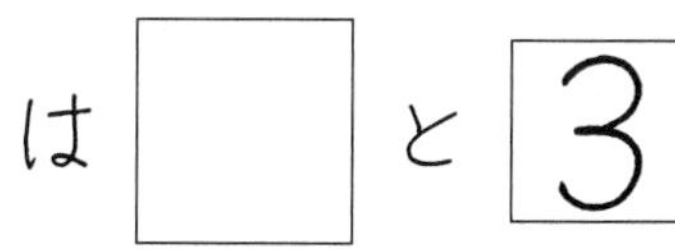

⑤ 5 は 1 と □　⑥ 5 は □ と 4

⑦ 5 は 4 と □　⑧ 5 は □ と 1

3 いくつと いくつ ③

なまえ

1 6は いくつと いくつですか。

① ●○○○○○ ●が □ こ、○が □ こ

② ●●○○○○ ●が □ こ、○が □ こ

③ ●●●○○○ ●が □ こ、○が □ こ

④ ●●●●○○ ●が □ こ、○が □ こ

⑤ ●●●●●○ ●が □ こ、○が □ こ

2 6は いくつと いくつですか。

① 6 は 1 と □

② 6 は □ と 4

③ 6 は 3 と □

④ 6 は □ と 2

⑤ 6 は 2 と □

⑥ 6 は □ と 3

⑦ 6 は 4 と □

⑧ 6 は □ と 1

3 いくつといくつ ④

なまえ

1 7は　いくつと　いくつですか。

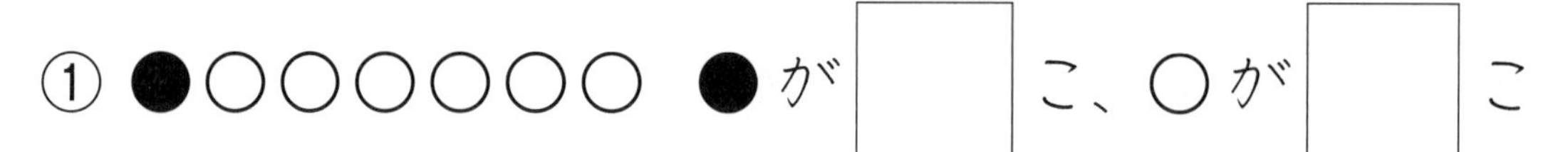

① ●○○○○○○　●が □ こ、○が □ こ

② ●●○○○○○　●が □ こ、○が □ こ

③ ●●●○○○○　●が □ こ、○が □ こ

④ ●●●●○○○　●が □ こ、○が □ こ

⑤ ●●●●●○○　●が □ こ、○が □ こ

⑥ ●●●●●●○　●が □ こ、○が □ こ

2 7は　いくつと　いくつですか。

① 7 は 1 と □, 6 と □, 3 と □

4 と □, 5 と □, 2 と □

② 7 は □ と 6, □ と 3, □ と 4

□ と 5, □ と 2, □ と 1

3 いくつといくつ ⑤

なまえ

1　8は　いくつと　いくつですか。

① ●○○○○○○○　●が □ こ、○が □ こ

② ●●○○○○○○　●が □ こ、○が □ こ

③ ●●●○○○○○　●が □ こ、○が □ こ

④ ●●●●○○○○　●が □ こ、○が □ こ

⑤ ●●●●●○○○　●が □ こ、○が □ こ

⑥ ●●●●●●○○　●が □ こ、○が □ こ

⑦ ●●●●●●●○　●が □ こ、○が □ こ

2　8は　いくつと　いくつですか。

8 は 1 と □, 2 と □, 3 と □

4 と □, 5 と □, 6 と □

7 と □

3 いくつといくつ ⑥

なまえ

1 9は　いくつと　いくつですか。

① ●○○○○○○○○　●が □ こ、○が □ こ

② ●●○○○○○○○　●が □ こ、○が □ こ

③ ●●●○○○○○○　●が □ こ、○が □ こ

④ ●●●●○○○○○　●が □ こ、○が □ こ

⑤ ●●●●●○○○○　●が □ こ、○が □ こ

⑥ ●●●●●●○○○　●が □ こ、○が □ こ

⑦ ●●●●●●●○○　●が □ こ、○が □ こ

⑧ ●●●●●●●●○　●が □ こ、○が □ こ

2 9は　いくつと　いくつですか。

9 は 1 と □, 2 と □, 3 と □

4 と □, 5 と □, 6 と □

7 と □, 8 と □

3 いくつといくつ ⑦

なまえ

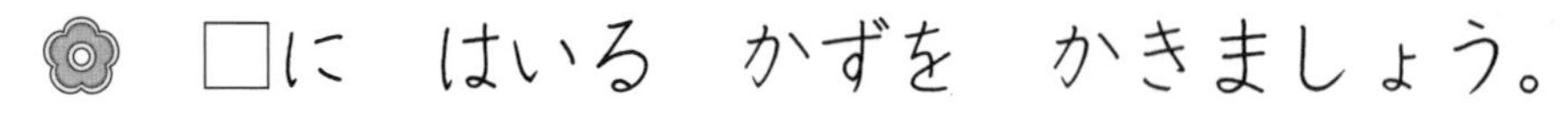

□に　はいる　かずを　かきましょう。

①
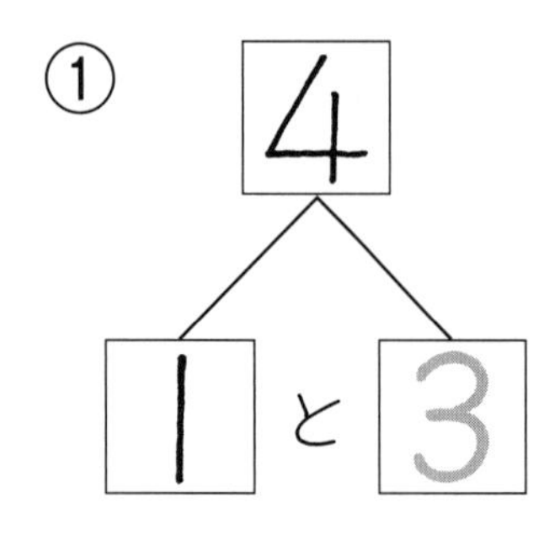

②
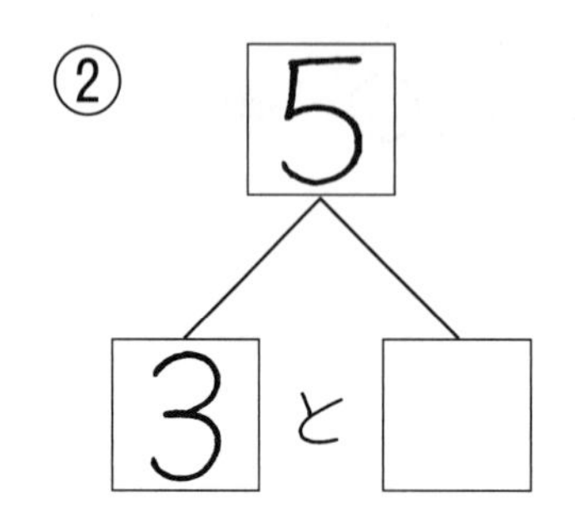

③
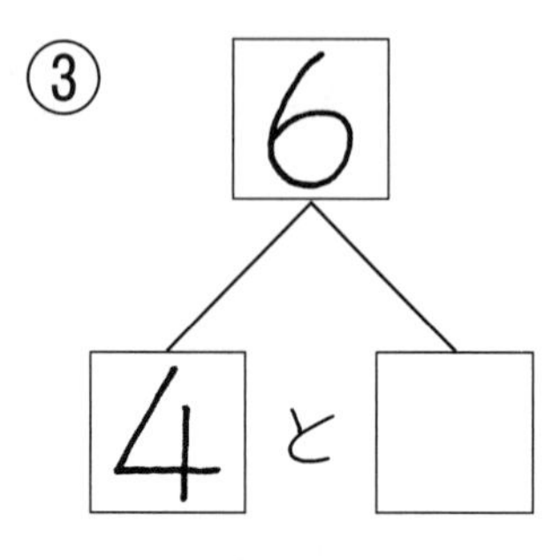

④
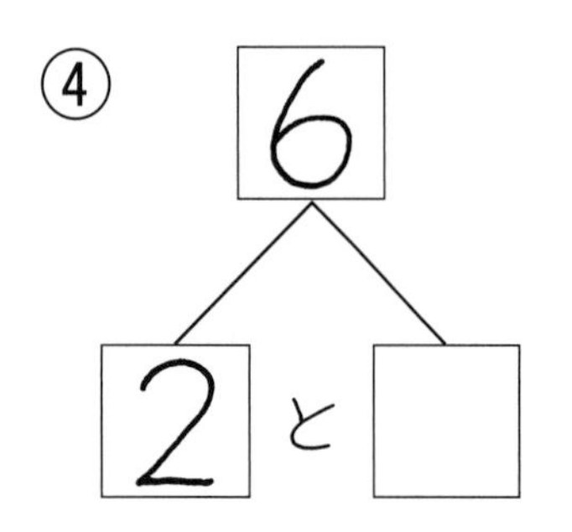

⑤
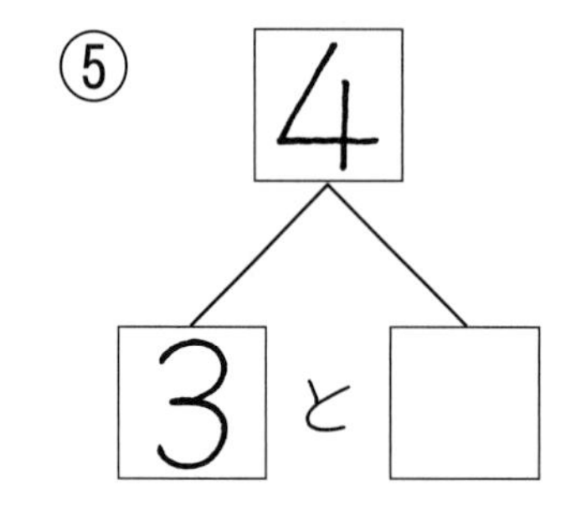

⑥
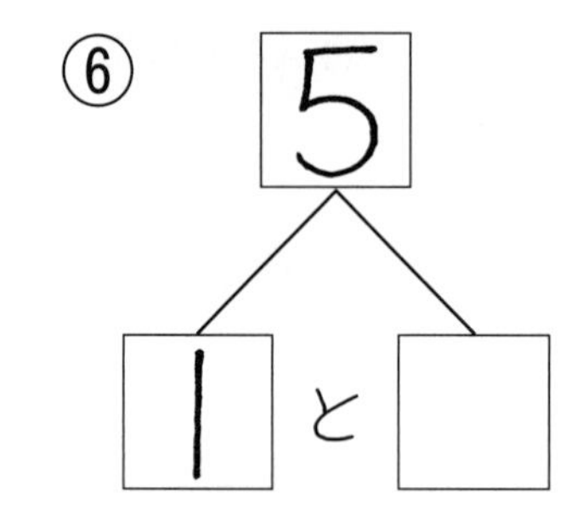

⑦
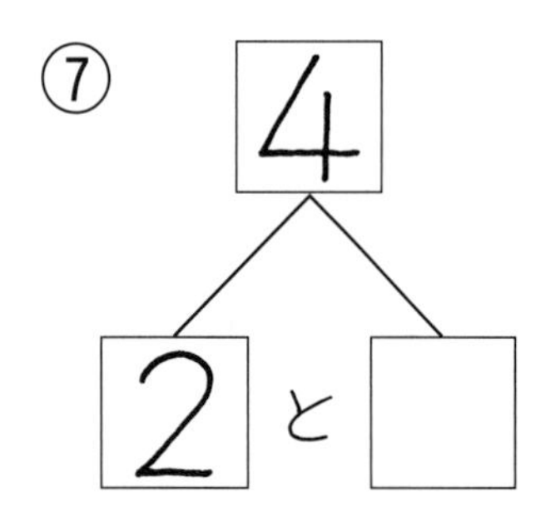

⑧

5

4 と □

⑨
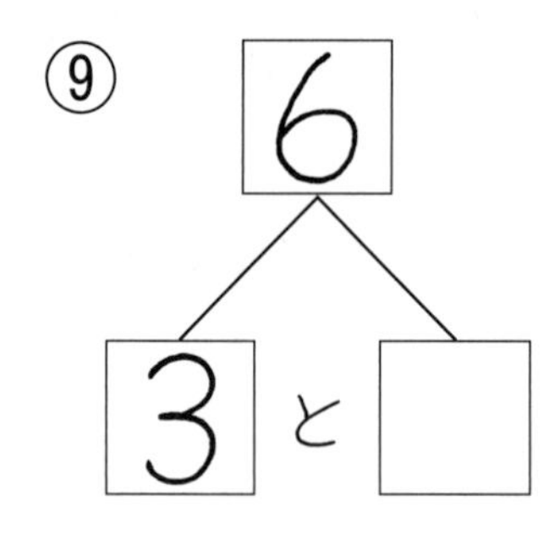

⑩
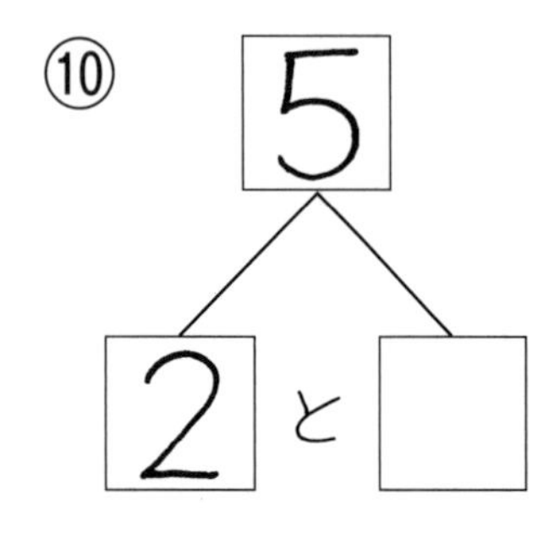

⑪
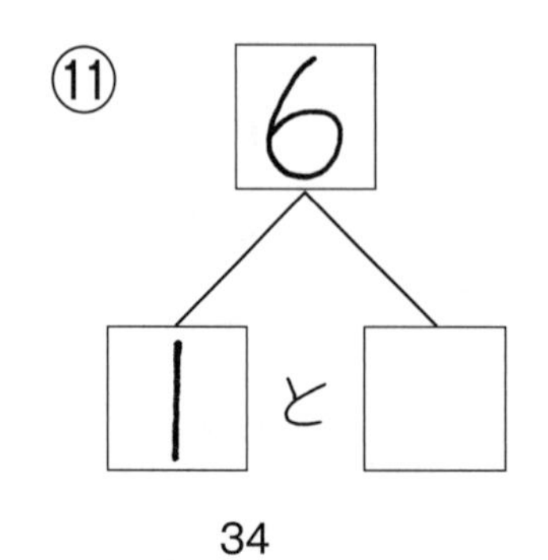

⑫
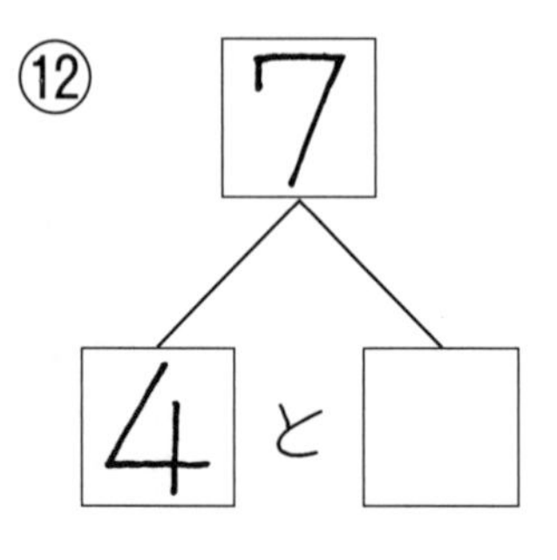

3 いくつといくつ ⑧

なまえ

□に　はいる　かずを　かきましょう。

①
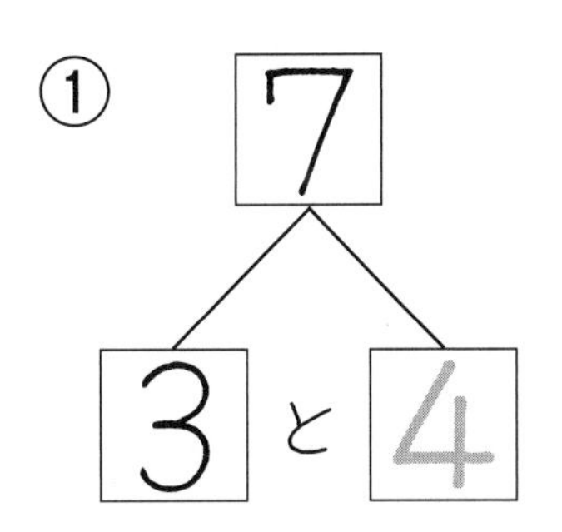

②
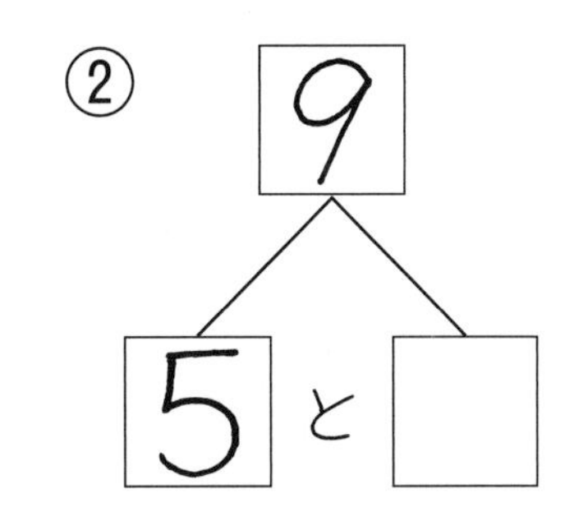

③
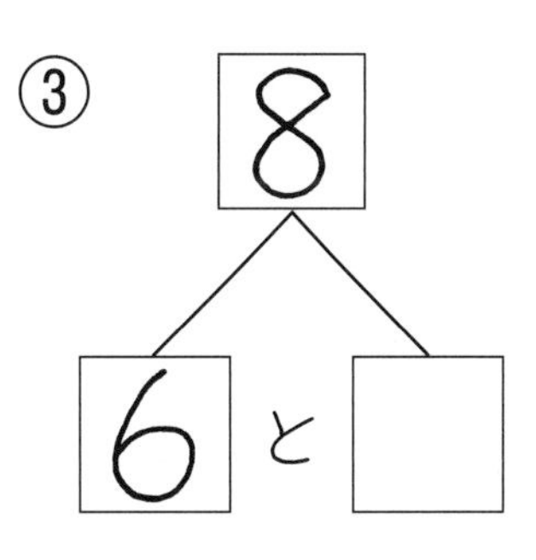

④
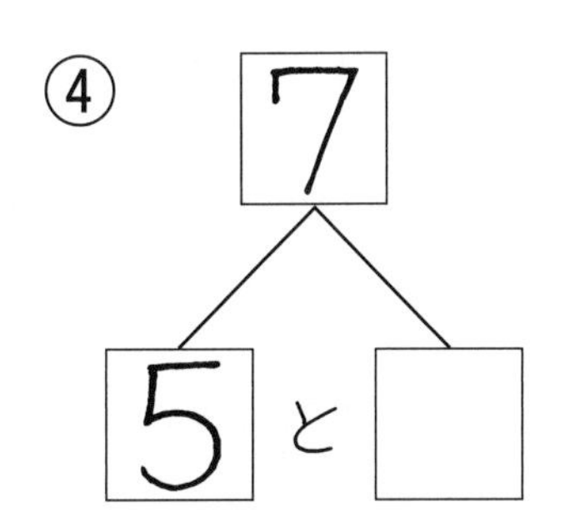

⑤
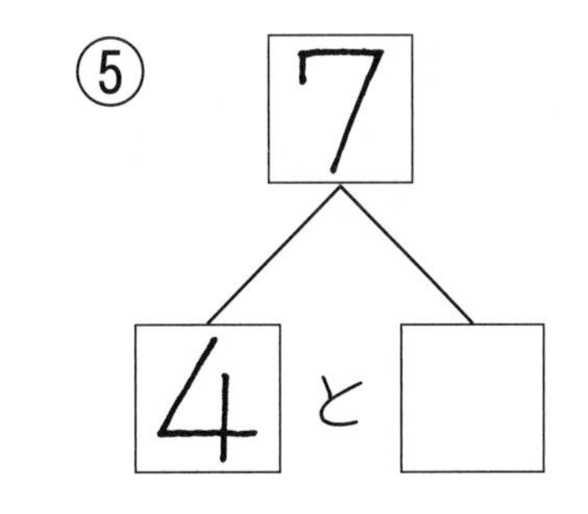

⑥
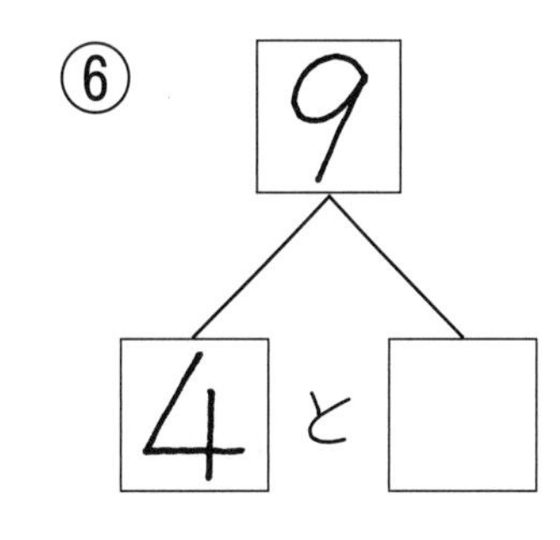

⑦
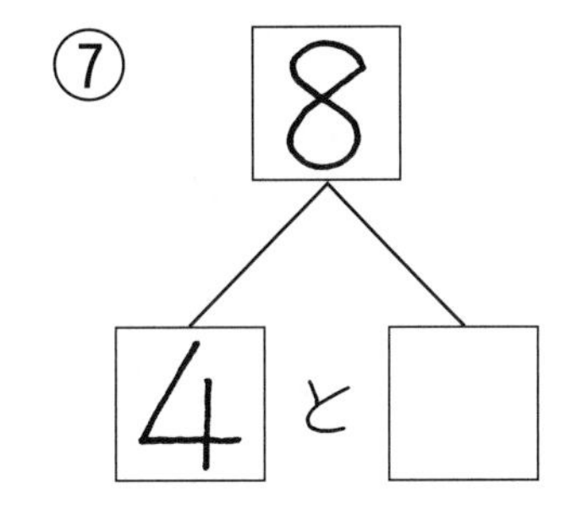

⑧
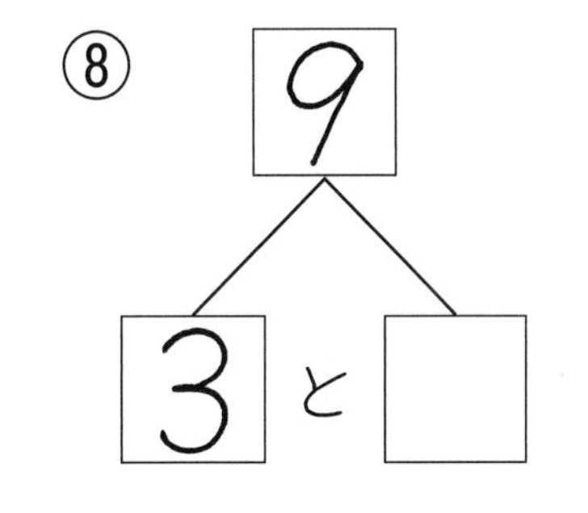

⑨
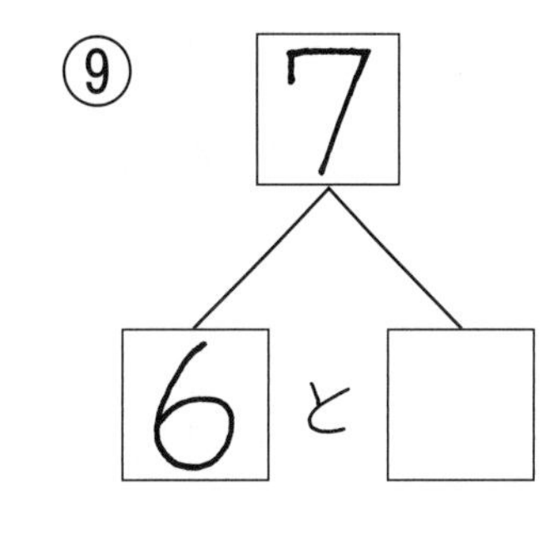

⑩
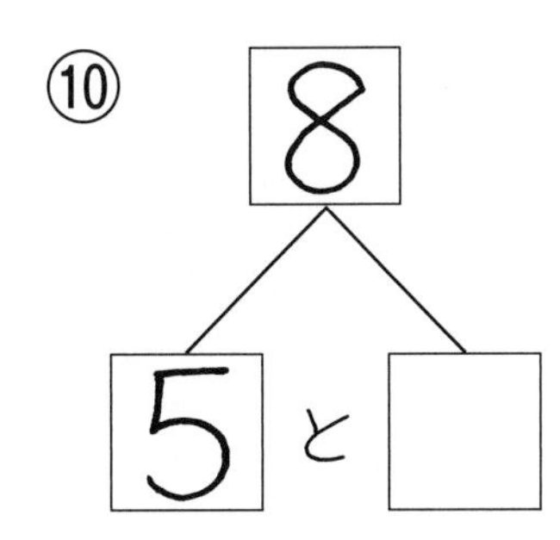

⑪
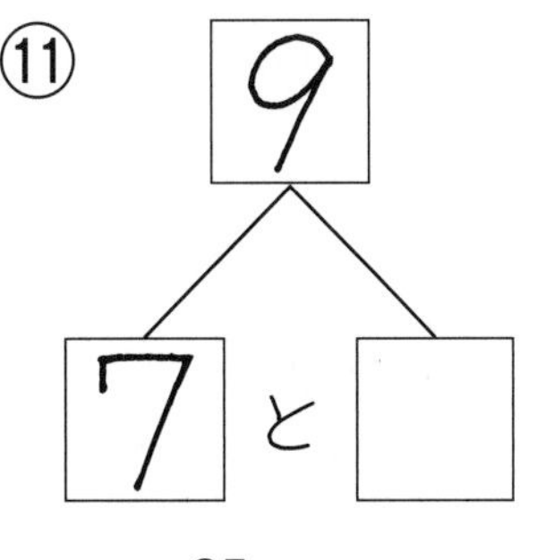

⑫
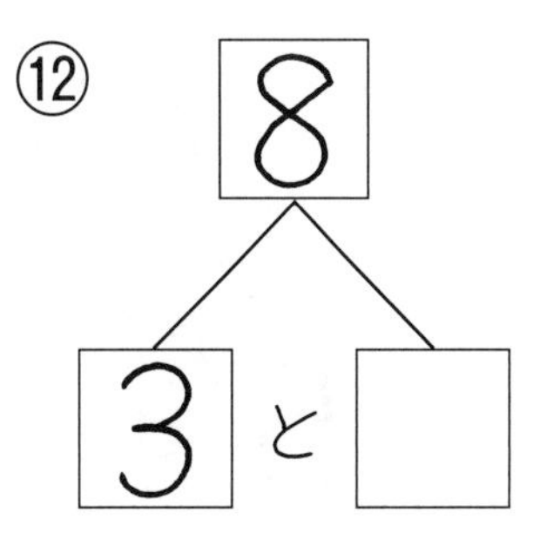

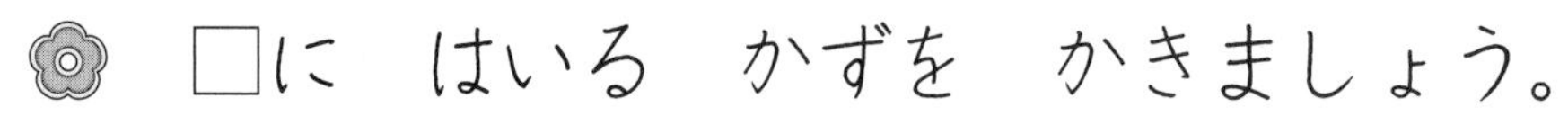

□に　はいる　かずを　かきましょう。

①
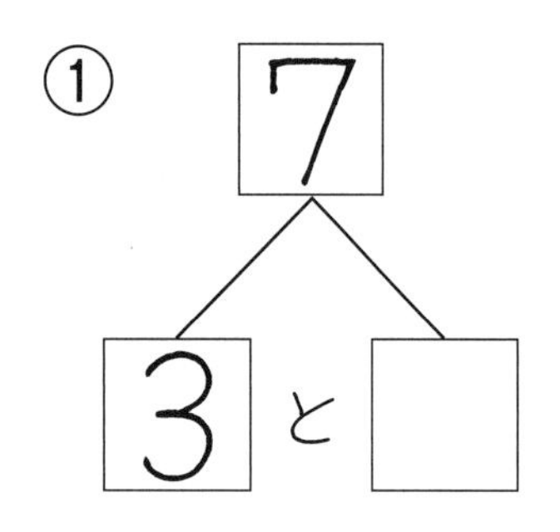

②
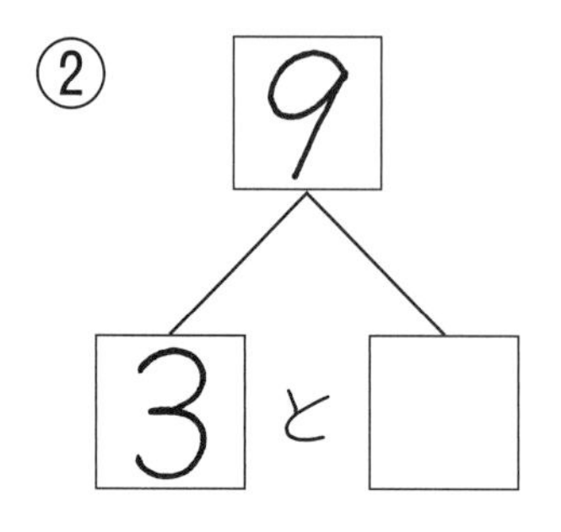

③
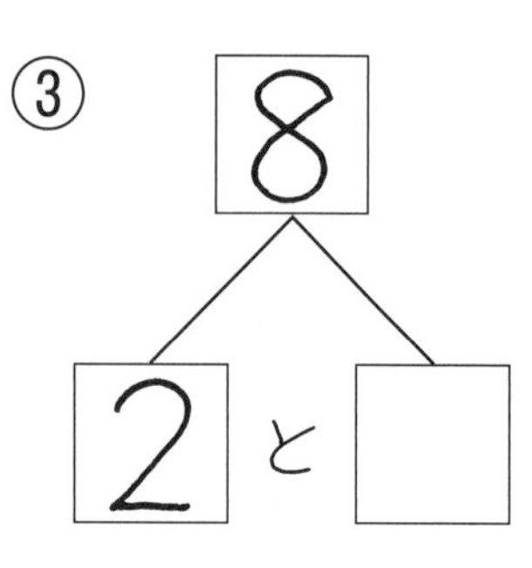

④
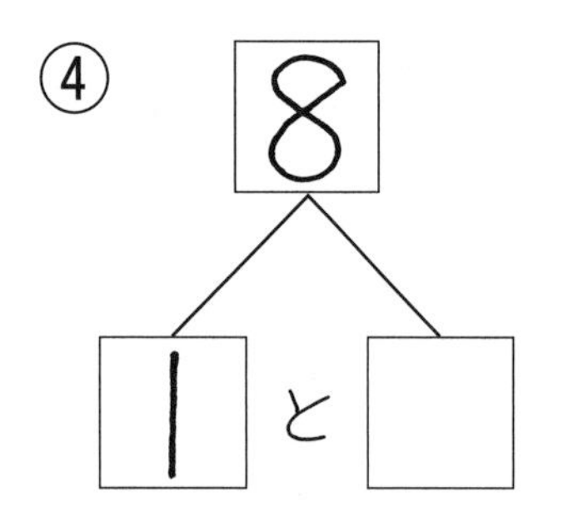

⑤
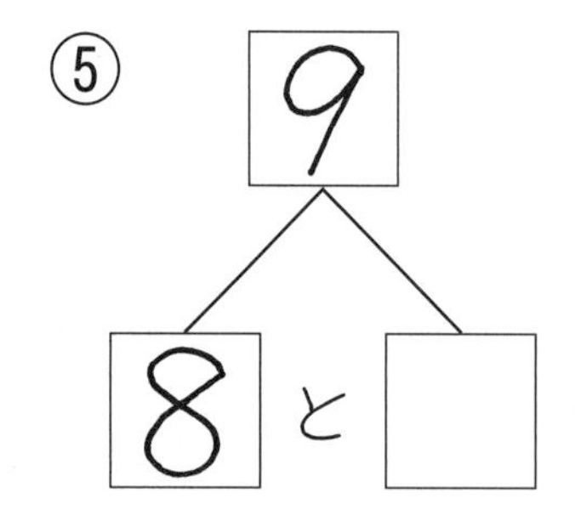

⑥
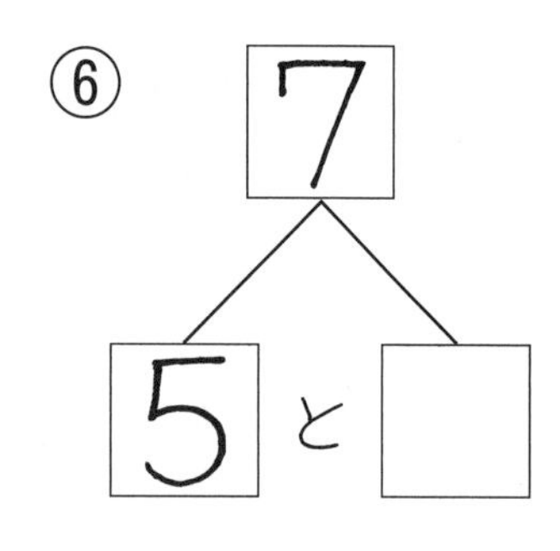

⑦
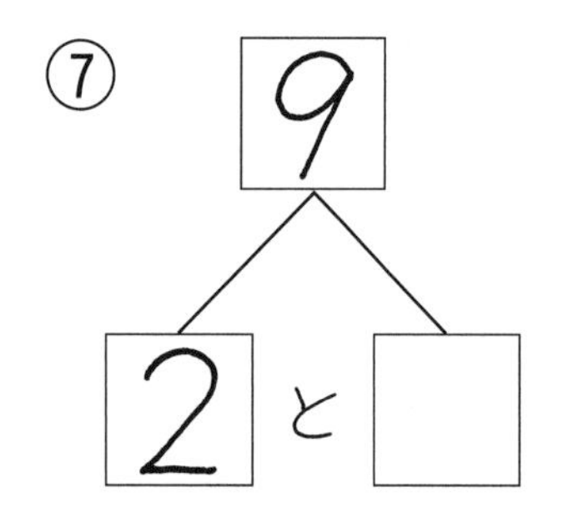

⑧
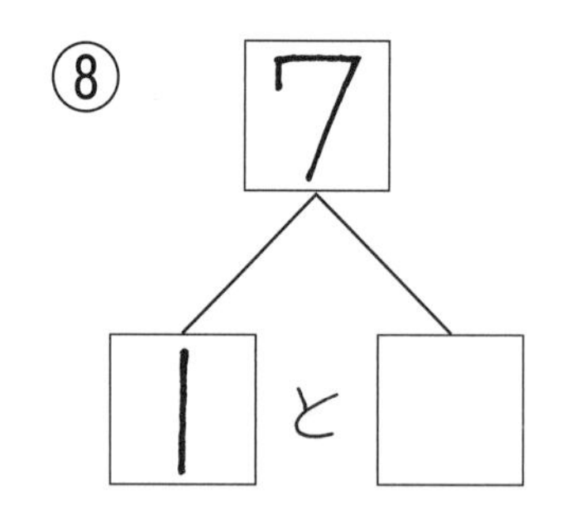

⑨
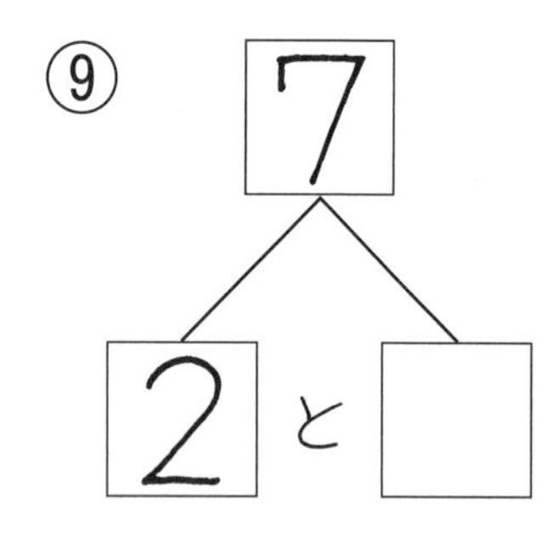

⑩
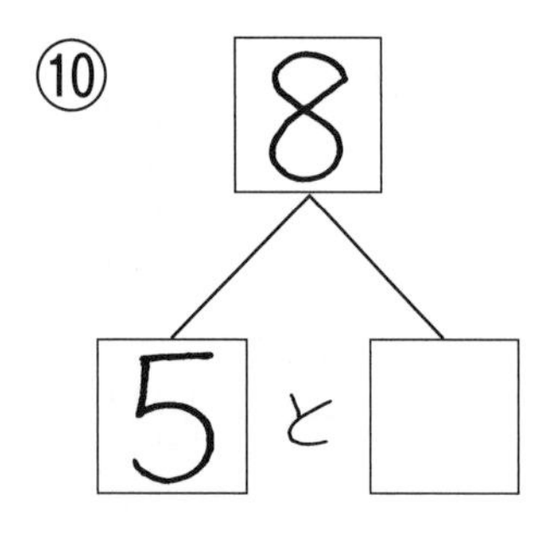

⑪
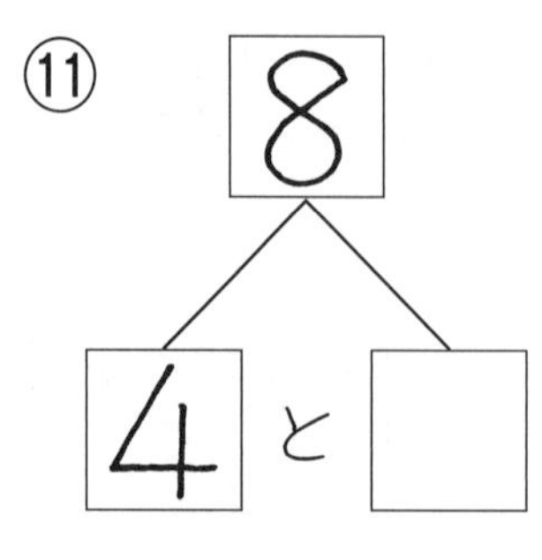

⑫
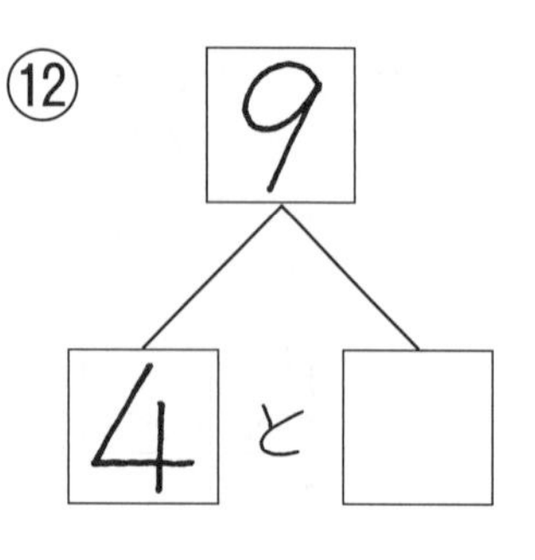

10は　いくつと　いくつですか。

① ●○○○○○○○○○　●が □ こ、○が □ こ

② ●●○○○○○○○○　●が □ こ、○が □ こ

③ ●●●○○○○○○○　●が □ こ、○が □ こ

④ ●●●●○○○○○○　●が □ こ、○が □ こ

⑤ ●●●●●○○○○○　●が □ こ、○が □ こ

⑥ ●●●●●●○○○○　●が □ こ、○が □ こ

⑦ ●●●●●●●○○○　●が □ こ、○が □ こ

⑧ ●●●●●●●●○○　●が □ こ、○が □ こ

⑨ ●●●●●●●●●○　●が □ こ、○が □ こ

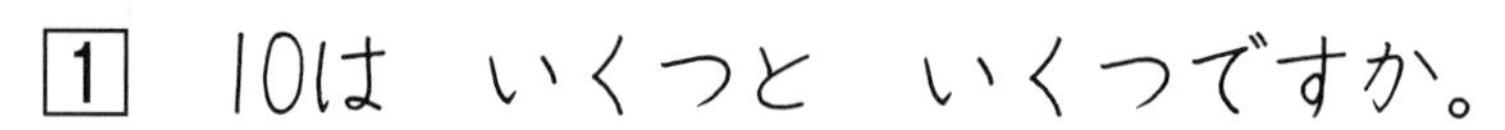

1 10は いくつと いくつですか。

① 10 は 1 と 9
② 10 は □ と 3
③ 10 は 6 と □
④ 10 は □ と 7
⑤ 10 は 5 と □
⑥ 10 は □ と 8
⑦ 10 は 2 と □
⑧ 10 は □ と 9
⑨ 10 は 4 と □

2 10は いくつと いくつですか。

① 10 は 2 と □
② 10 は □ と 5
③ 10 は 9 と □
④ 10 は □ と 8
⑤ 10 は 3 と □
⑥ 10 は □ と 4

3 いくつといくつ ⑫

なまえ

✿ □に　はいる　かずを　かきましょう。

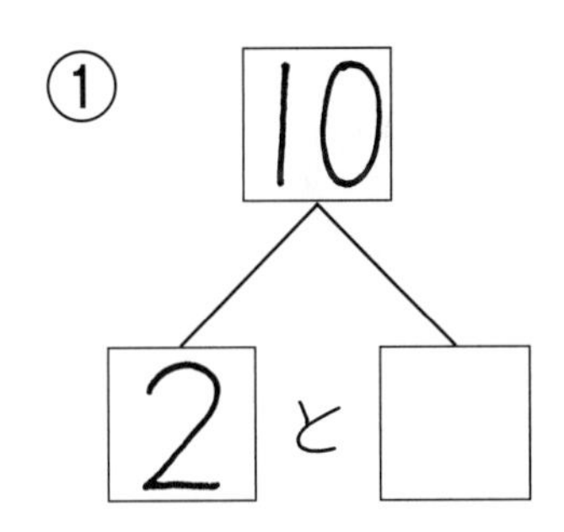

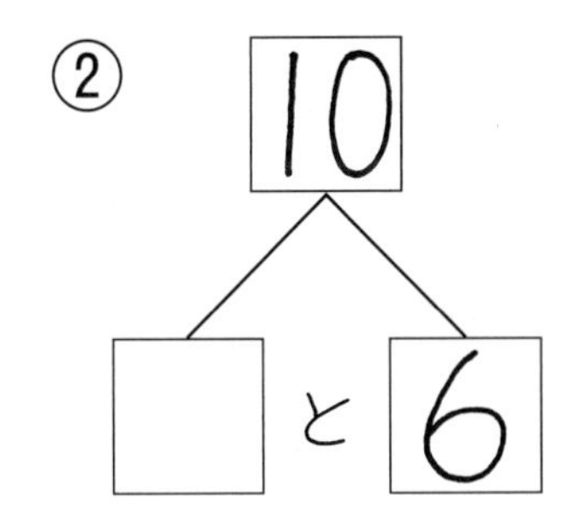

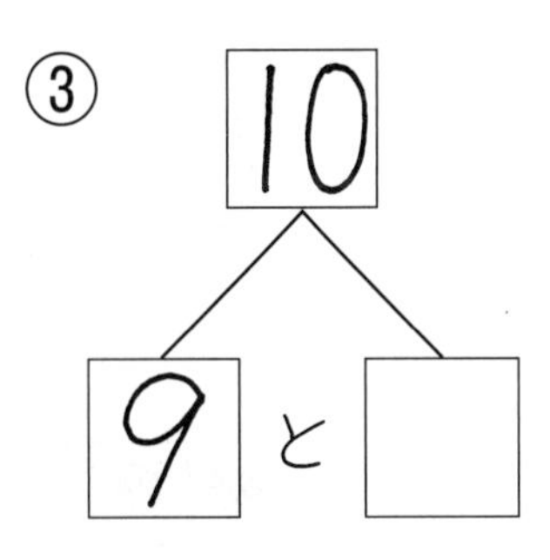

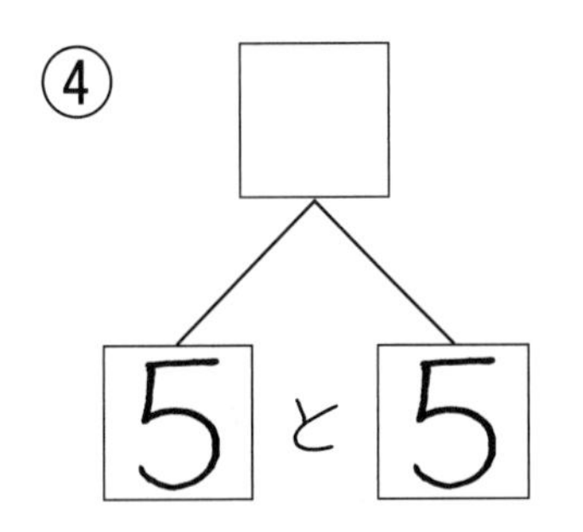

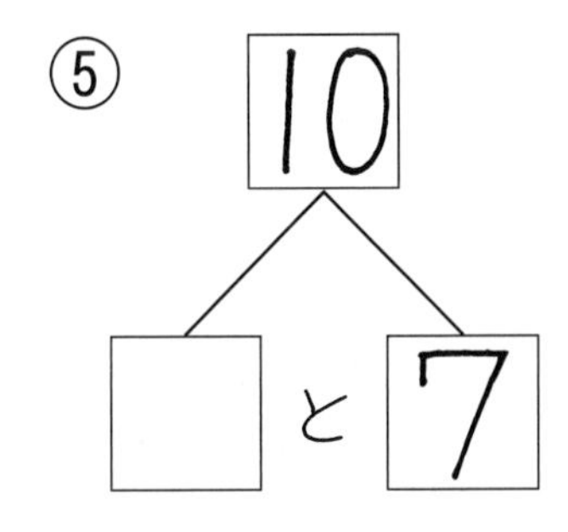

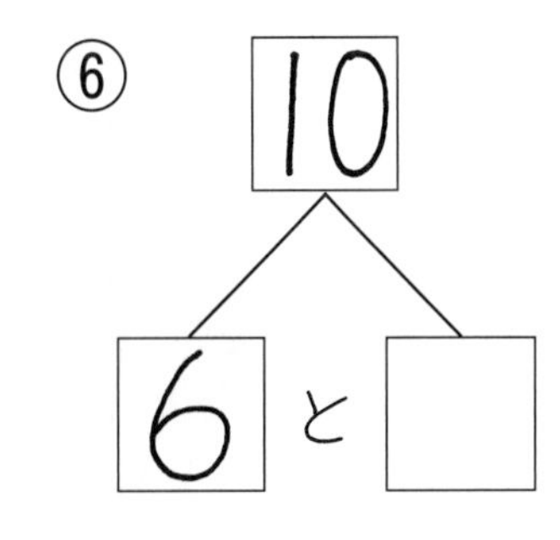

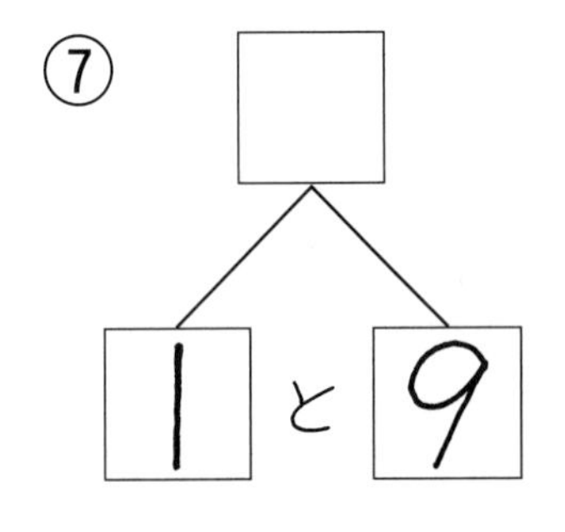

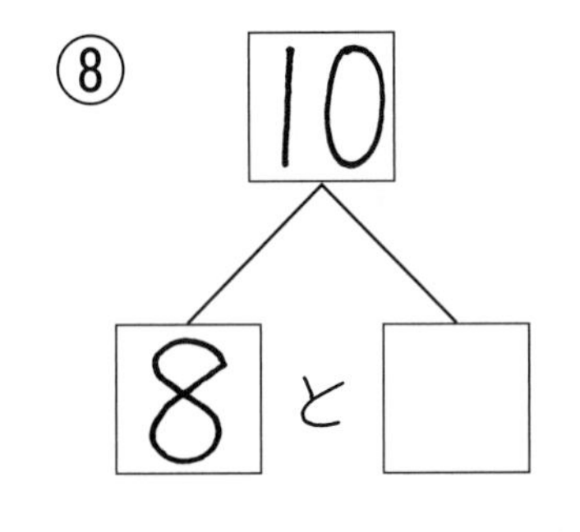

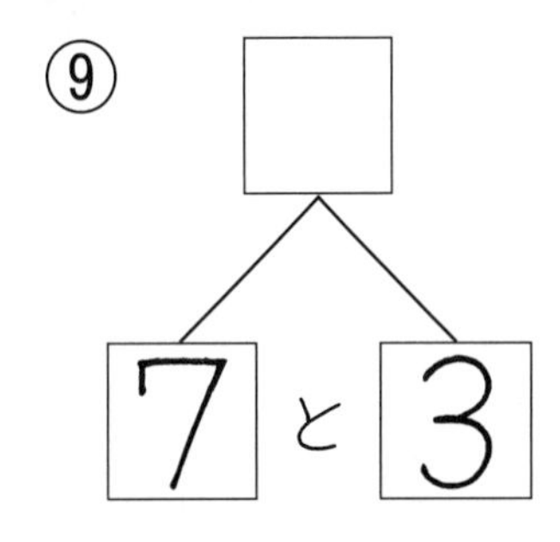

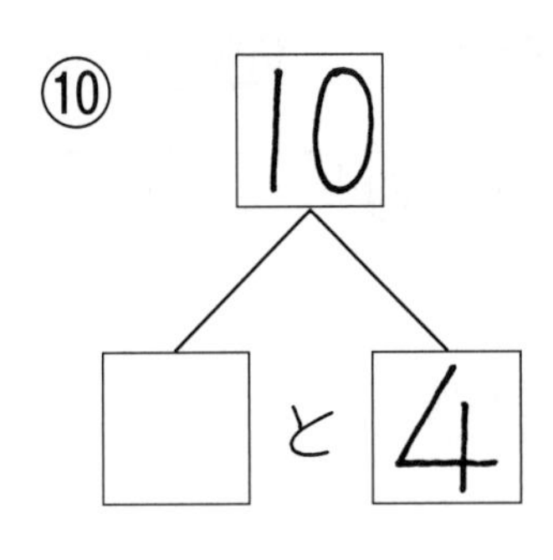

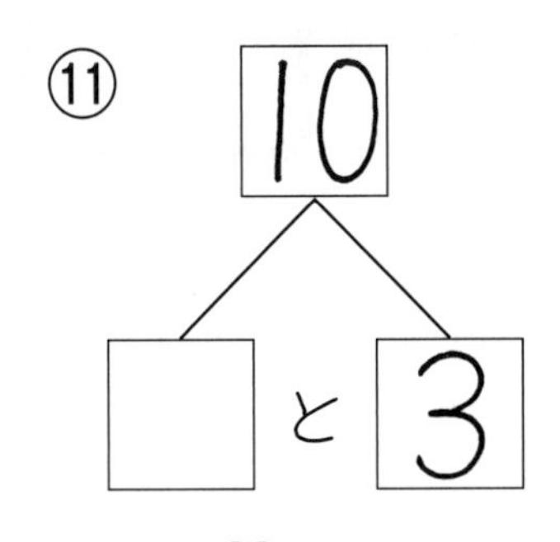

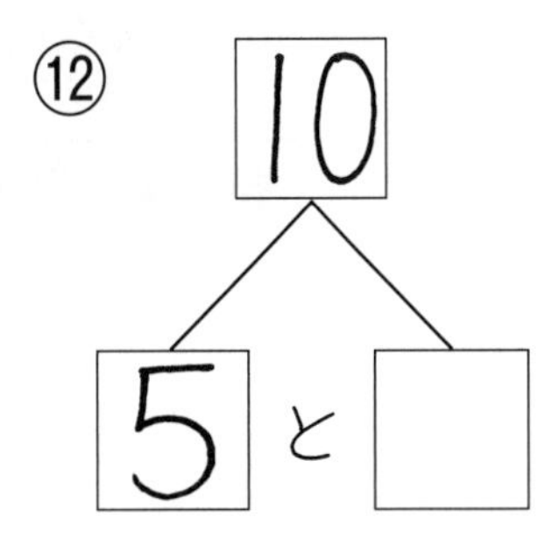

4 10までのたしざん ①

なまえ

あわせて　いくつに　なりますか。

①

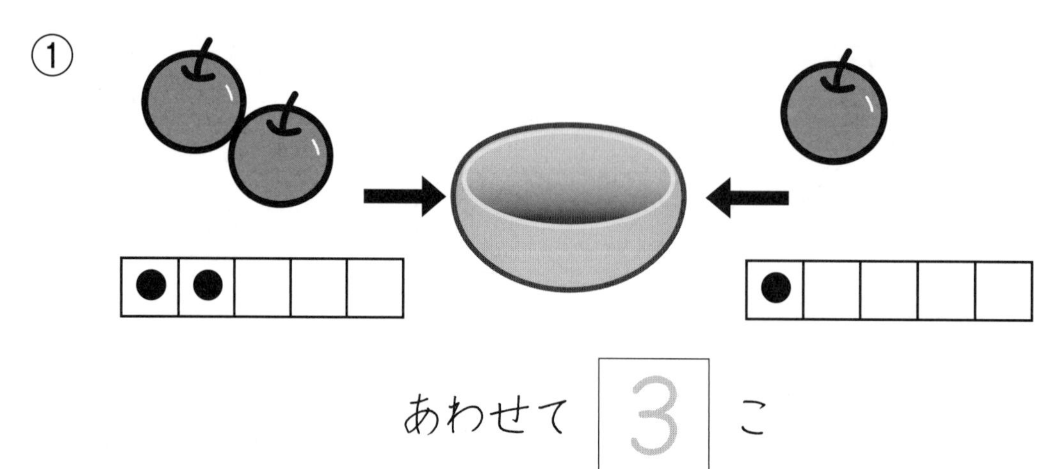

あわせて 3 こ

②

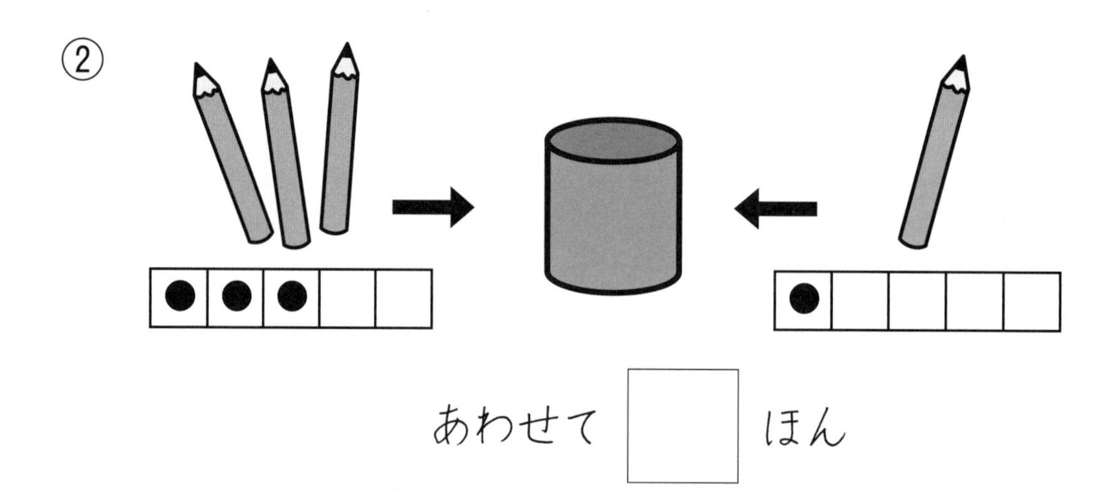

あわせて ☐ ほん

③

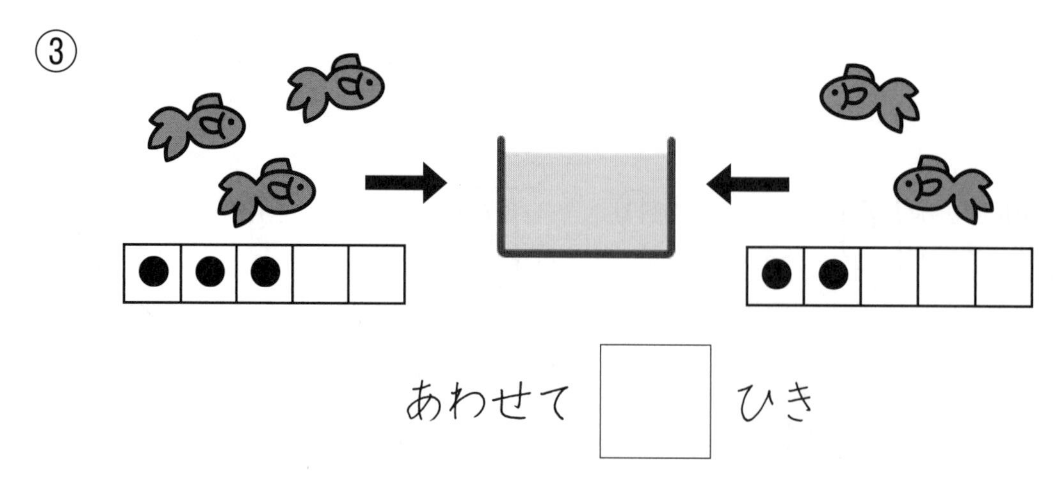

あわせて ☐ ひき

4 10までのたしざん ②

なまえ

あわせて　いくつに　なりますか。しきと　こたえを　かきましょう。

①

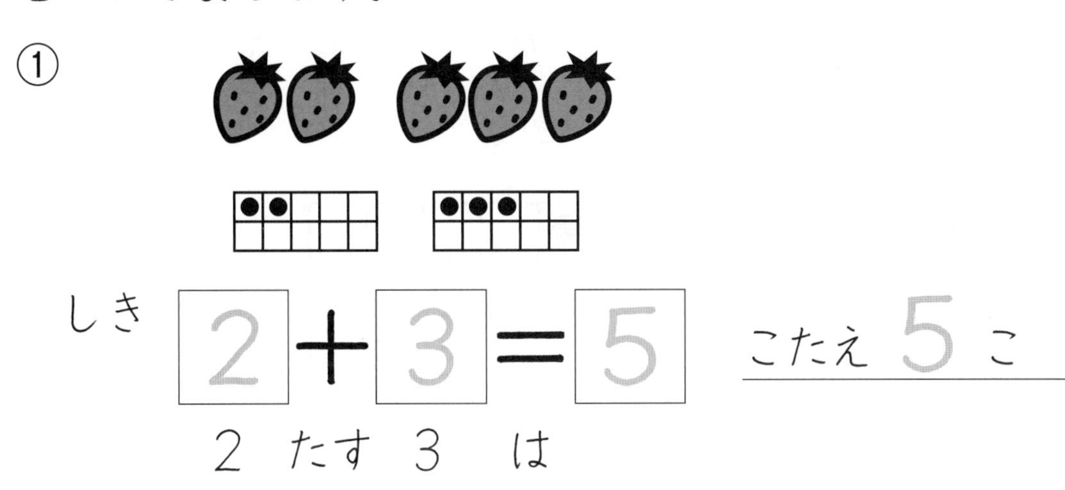

しき　2 ＋ 3 ＝ 5　　こたえ　5　こ

2　たす　3　は

②

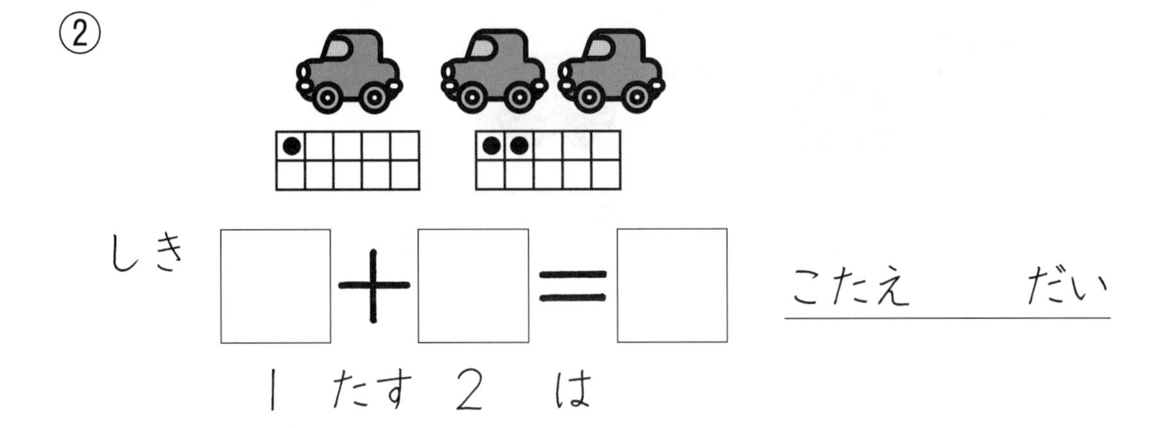

しき　☐ ＋ ☐ ＝ ☐　　こたえ　　だい

1　たす　2　は

③

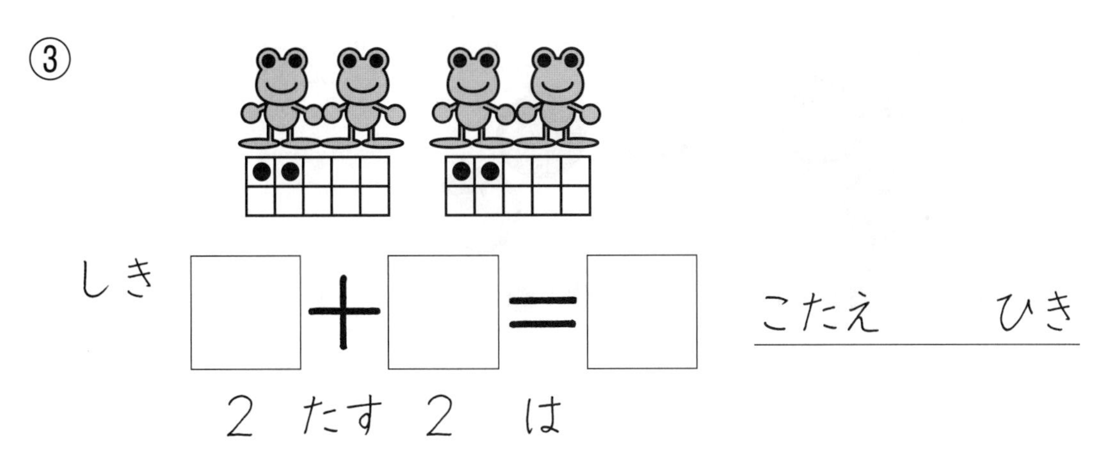

しき　☐ ＋ ☐ ＝ ☐　　こたえ　　ひき

2　たす　2　は

4 10までのたしざん ③

なまえ

ふえると　いくつに　なりますか。

①

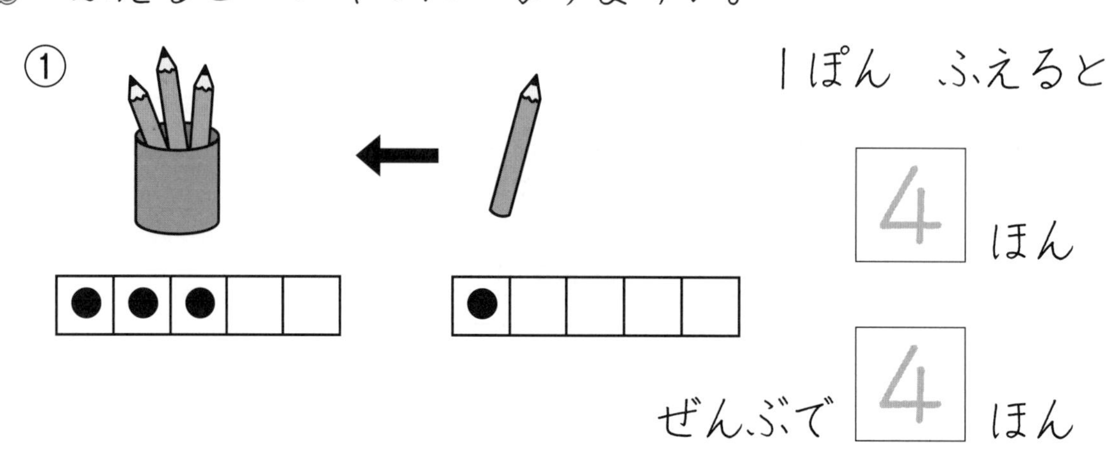

1ぽん　ふえると

4 ほん

ぜんぶで 4 ほん

②

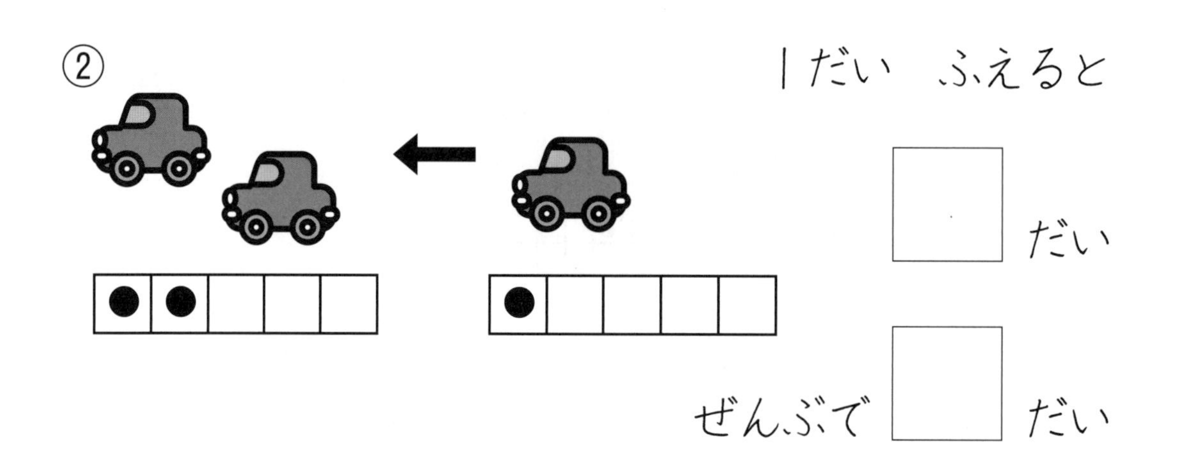

1だい　ふえると

□ だい

ぜんぶで □ だい

③

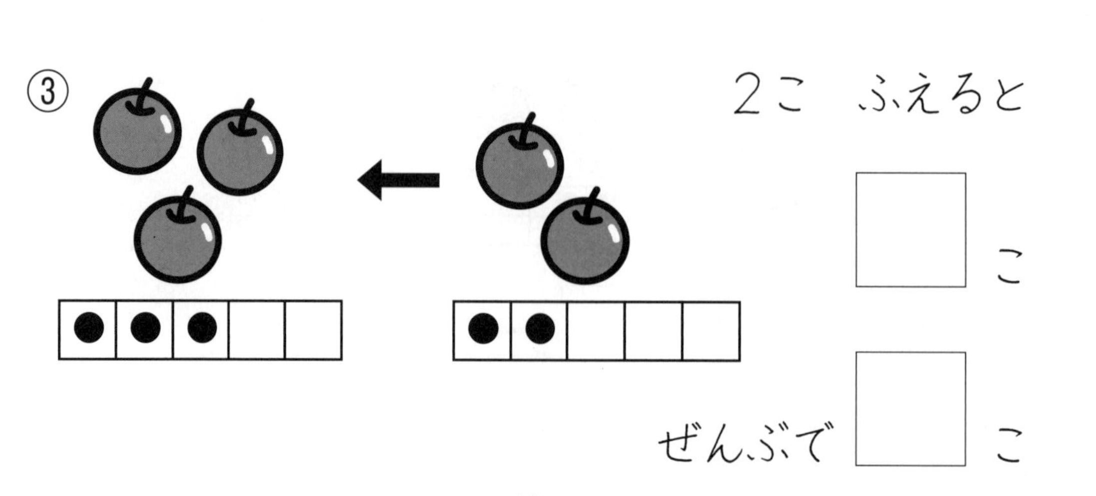

2こ　ふえると

□ こ

ぜんぶで □ こ

4 10までのたしざん ④

なまえ

ふえると　いくつに　なりますか。しきと　こたえを　かきましょう。

①

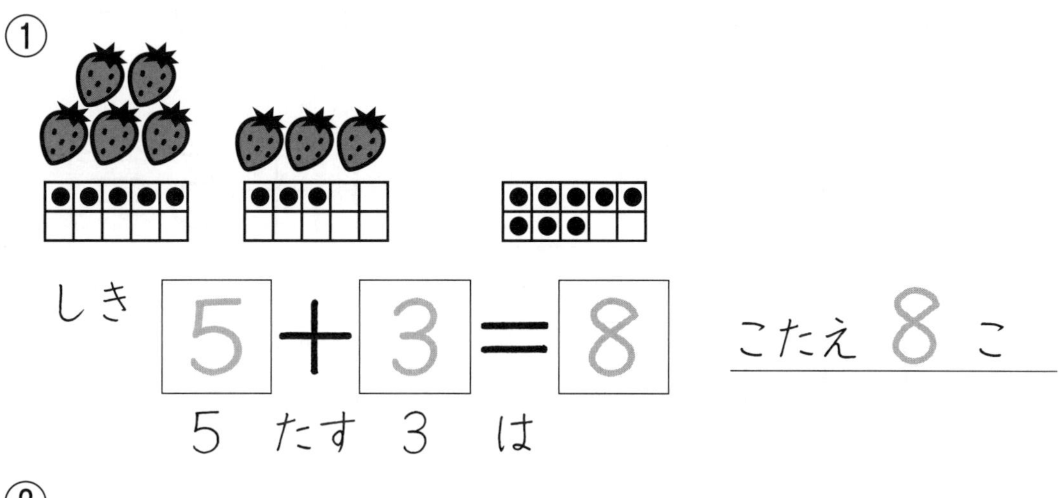

②

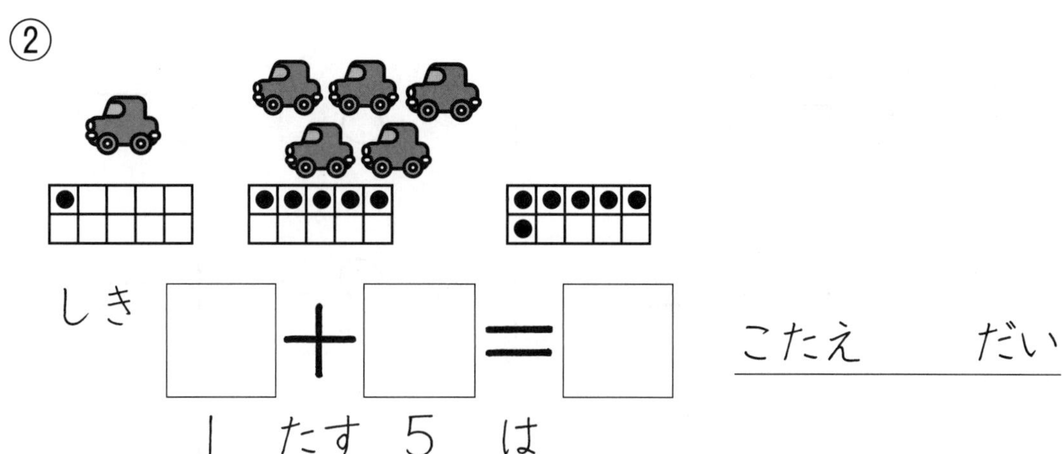

③

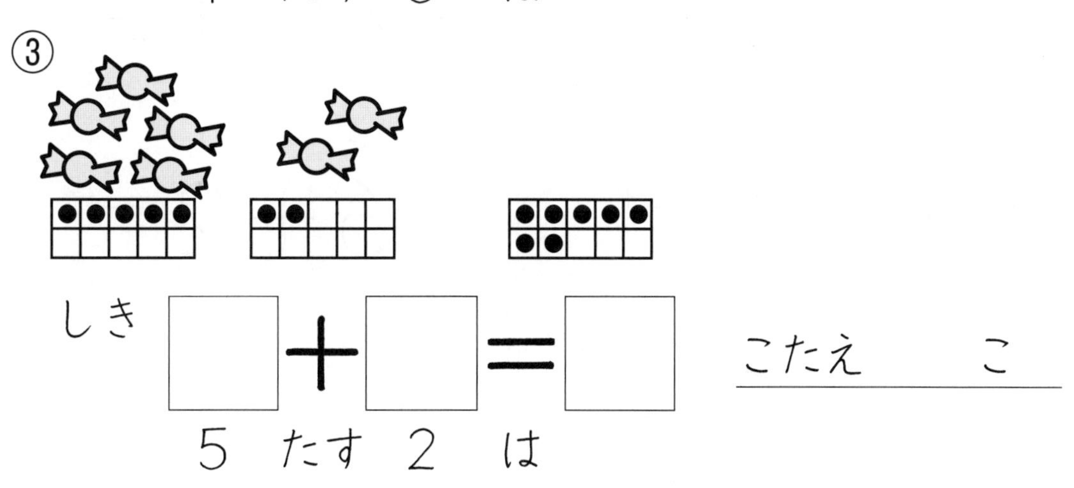

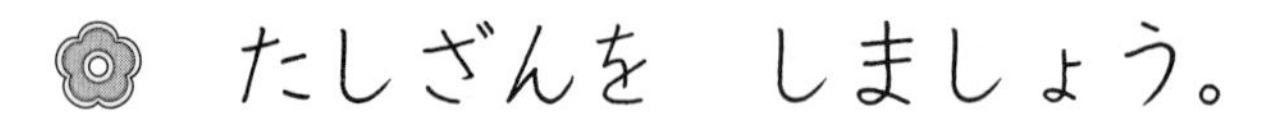

なまえ

たしざんを　しましょう。

① $6+4=$ □　② $4+3=$ □

③ $3+3=$ □　④ $1+5=$ □

⑤ $1+1=$ □　⑥ $1+6=$ □

⑦ $1+4=$ □　⑧ $8+2=$ □

⑨ $1+3=$ □　⑩ $2+1=$ □

⑪ $3+2=$ □　⑫ $4+1=$ □

⑬ $5+4=$ □　⑭ $6+2=$ □

⑮ $1+2=$ □

4　10までのたしざん ⑥

たしざんを　しましょう。

① $8+1=$ □　② $3+5=$ □

③ $5+2=$ □　④ $7+3=$ □

⑤ $4+6=$ □　⑥ $3+6=$ □

⑦ $2+5=$ □　⑧ $2+4=$ □

⑨ $1+7=$ □　⑩ $5+3=$ □

⑪ $4+5=$ □　⑫ $3+4=$ □

⑬ $2+6=$ □　⑭ $9+1=$ □

⑮ $2+8=$ □

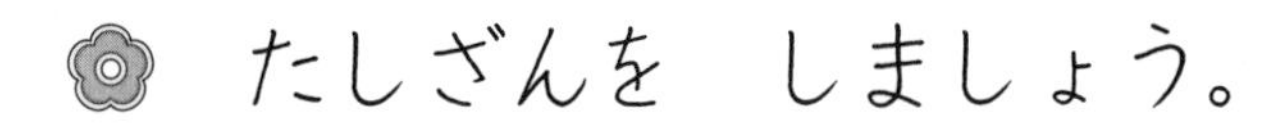

たしざんを　しましょう。

① $1+9=\square$　② $7+1=\square$

③ $4+2=\square$　④ $2+3=\square$

⑤ $5+1=\square$　⑥ $2+2=\square$

⑦ $1+8=\square$　⑧ $6+1=\square$

⑨ $7+2=\square$　⑩ $6+3=\square$

⑪ $3+1=\square$　⑫ $4+4=\square$

⑬ $5+5=\square$　⑭ $3+7=\square$

⑮ $2+7=\square$

4 10までのたしざん ⑧

なまえ

1 ずを　みて　しきと　こたえを　かきましょう。

①

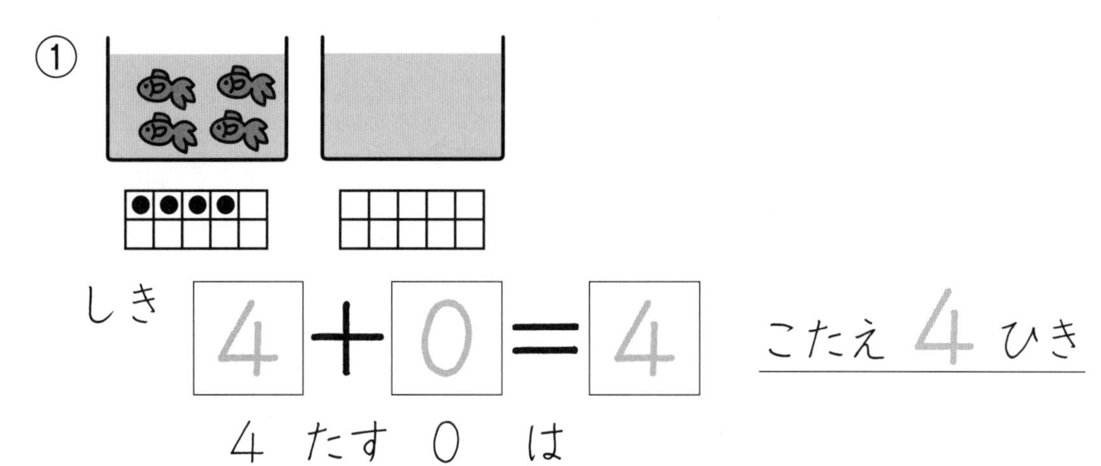

しき　4 ＋ 0 ＝ 4　　こたえ　4　ひき

4　たす　0　は

②

しき　□ ＋ □ ＝ □　　こたえ　　　こ

0　たす　3　は

2 たしざんを　しましょう。

① 0＋5＝□　　② 6＋0＝□

③ 8＋0＝□　　④ 0＋7＝□

のこりは　いくつに　なりますか。

① 4こ　から　1こ　とると

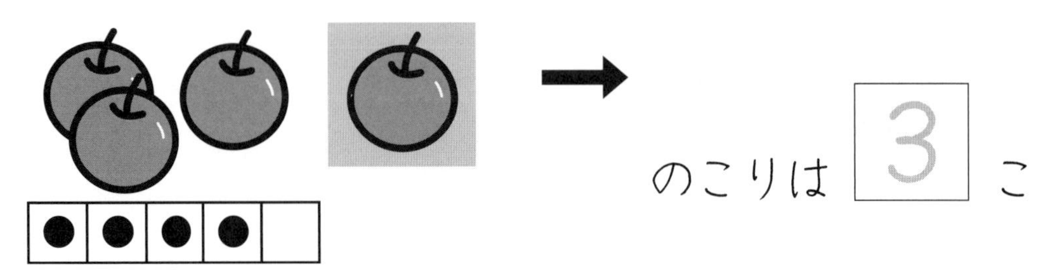

② 5ほん　から　2ほん　とると

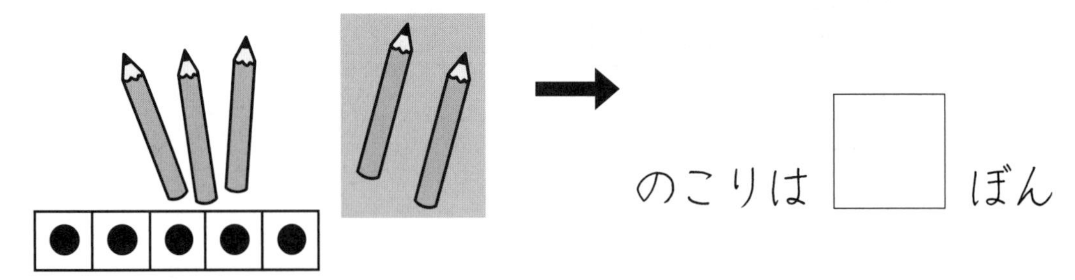

③ 5こ　から　4こ　とると

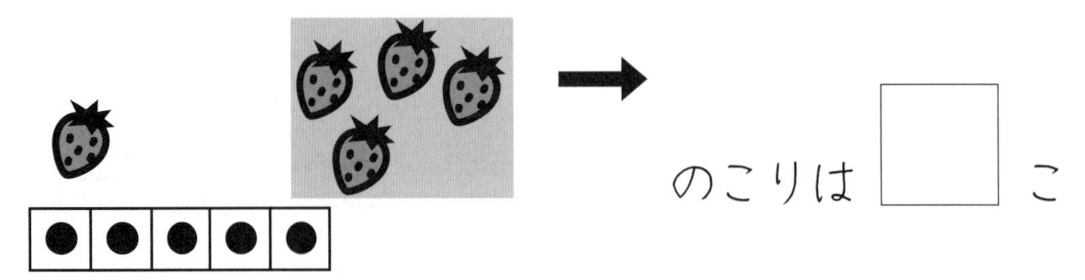

ずを　みて　しきと　こたえを　かきましょう。

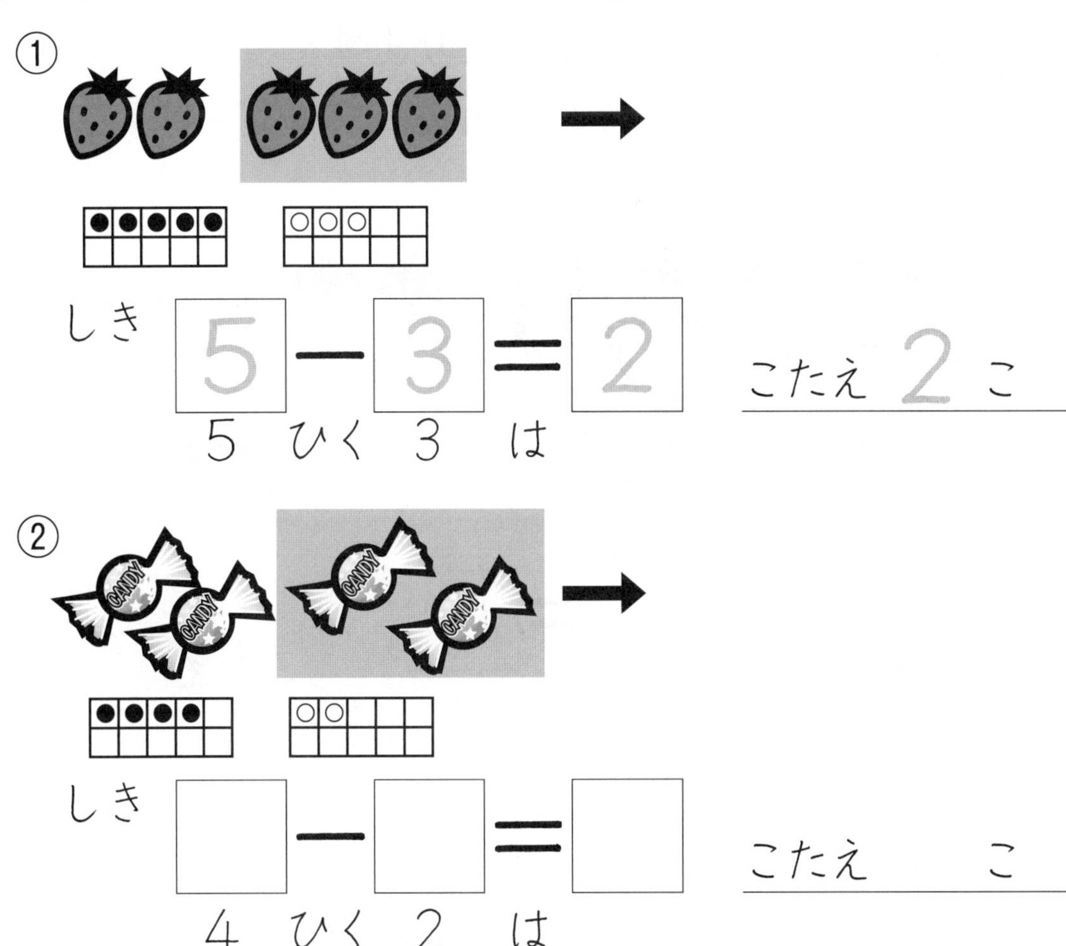

5 10までのひきざん ③

なまえ

1 キャンディーが　8ほん　あります。
くしだんごが　5ほん　あります。
キャンディーは　くしだんごより　なんぼん　おおいですか。

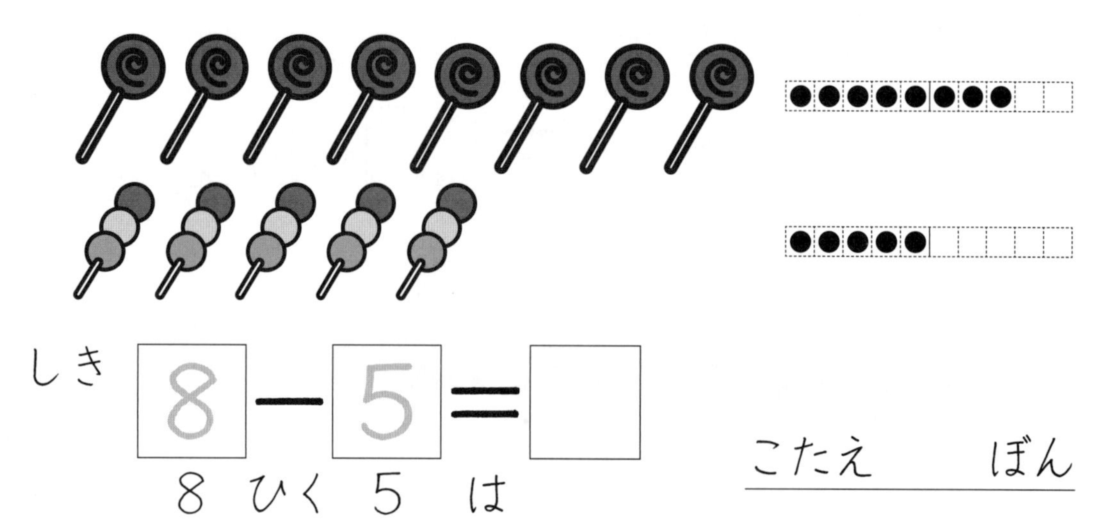

2 にわとりが　5わ　います。
ひよこが　3わ　います。
にわとりは　ひよこより　なんわ　おおいですか。

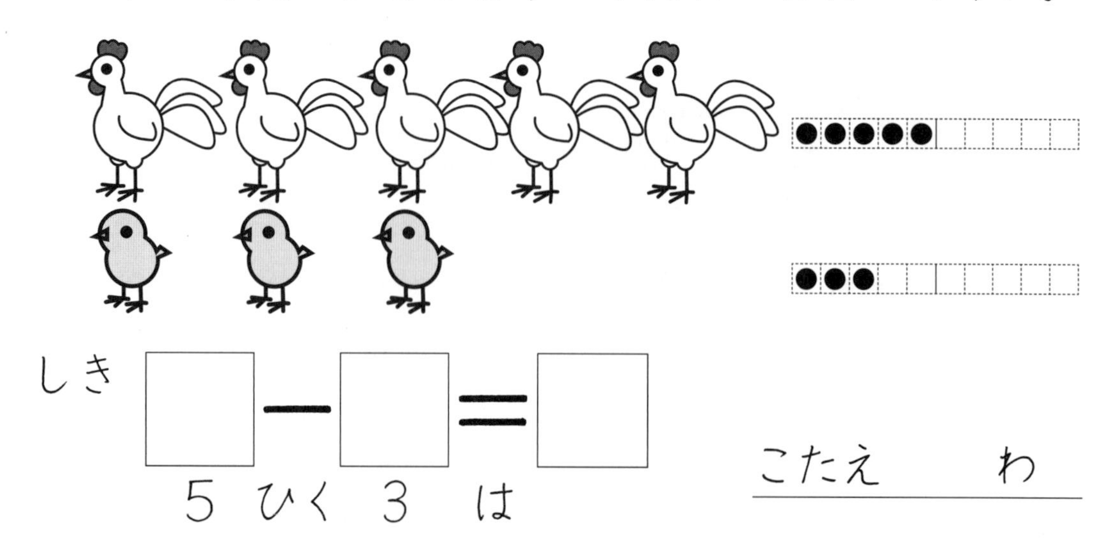

5 10までのひきざん ④

なまえ

1 みかんが　8こ　あります。
りんごが　6こ　あります。
みかんと　りんごの　ちがいは　いくつですか。

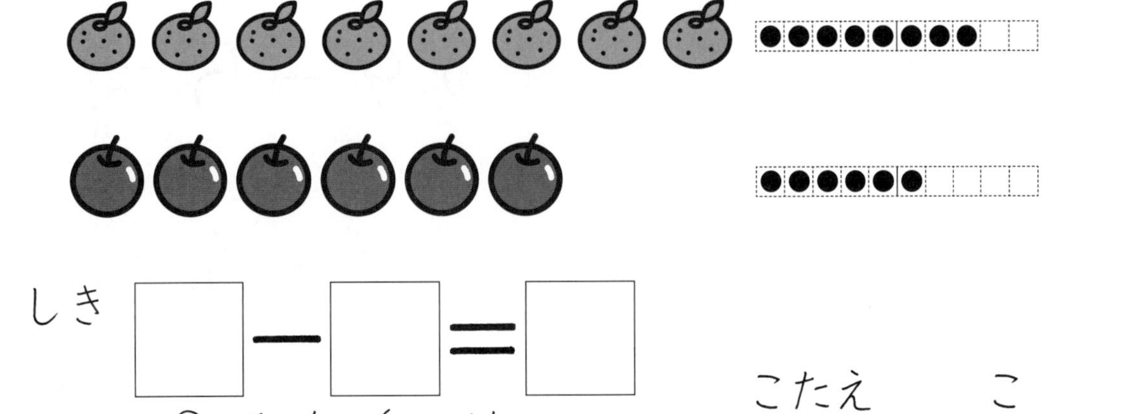

しき □ − □ ＝ □

8　ひく　6　は

こたえ　　　こ

2 フォークが　7ほん　あります。
スプーンが　4ほん　あります。
フォークと　スプーンの　ちがいは　いくつですか。

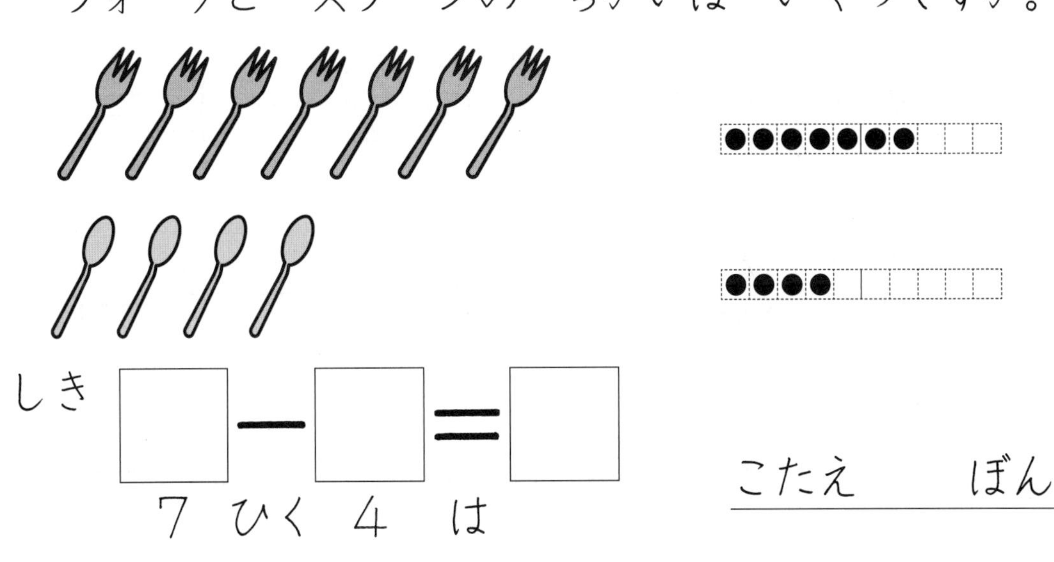

しき □ − □ ＝ □

7　ひく　4　は

こたえ　　　ぼん

5 10までのひきざん ⑤

なまえ

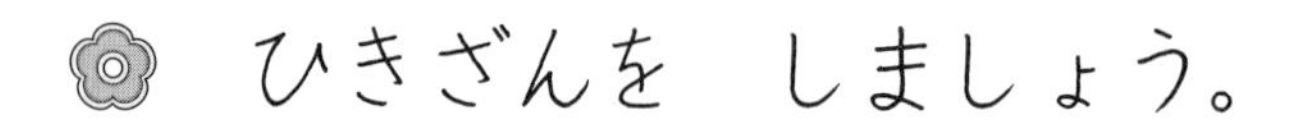

ひきざんを　しましょう。

① $6-1=$ □　② $3-2=$ □

③ $4-2=$ □　④ $9-5=$ □

⑤ $6-3=$ □　⑥ $7-4=$ □

⑦ $8-2=$ □　⑧ $9-7=$ □

⑨ $6-2=$ □　⑩ $8-4=$ □

⑪ $9-3=$ □　⑫ $2-1=$ □

⑬ $5-4=$ □　⑭ $7-2=$ □

⑮ $5-1=$ □　⑯ $8-6=$ □

5 10までのひきざん ⑥

ひきざんを　しましょう。

① $9-1=\square$　② $8-3=\square$

③ $7-5=\square$　④ $6-4=\square$

⑤ $5-3=\square$　⑥ $4-1=\square$

⑦ $8-5=\square$　⑧ $9-2=\square$

⑨ $7-2=\square$　⑩ $8-7=\square$

⑪ $3-1=\square$　⑫ $5-2=\square$

⑬ $4-3=\square$　⑭ $7-6=\square$

⑮ $9-7=\square$　⑯ $6-2=\square$

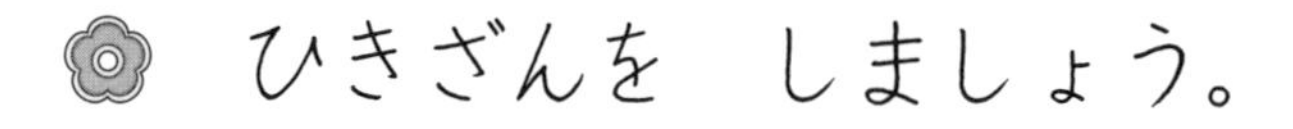

ひきざんを　しましょう。

① $9-4=\square$　② $8-1=\square$

③ $7-1=\square$　④ $9-6=\square$

⑤ $6-5=\square$　⑥ $7-6=\square$

⑦ $1-1=\square$　⑧ $9-9=\square$

⑨ $2-2=\square$　⑩ $5-5=\square$

⑪ $7-7=\square$　⑫ $3-3=\square$

⑬ $8-8=\square$　⑭ $4-4=\square$

⑮ $6-6=\square$　⑯ $0-0=\square$

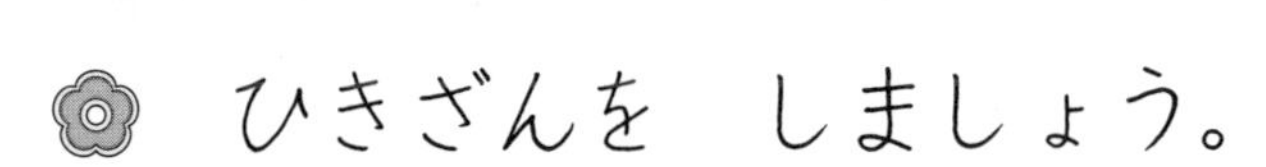

5 10までのひきざん ⑧

なまえ

ひきざんを　しましょう。

① 10－2＝□　　② 10－7＝□

③ 10－1＝□　　④ 10－4＝□

⑤ 10－6＝□　　⑥ 10－3＝□

⑦ 10－5＝□　　⑧ 10－8＝□

⑨ 10－9＝□　　⑩ 1－0＝□

⑪ 2－0＝□　　⑫ 3－0＝□

⑬ 4－0＝□

⑭ 5－0＝□

6 10よりおおきいかず ①

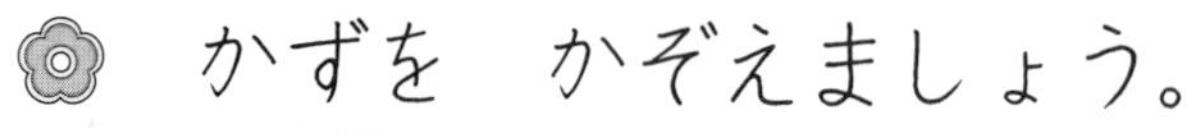

かずを　かぞえましょう。

①
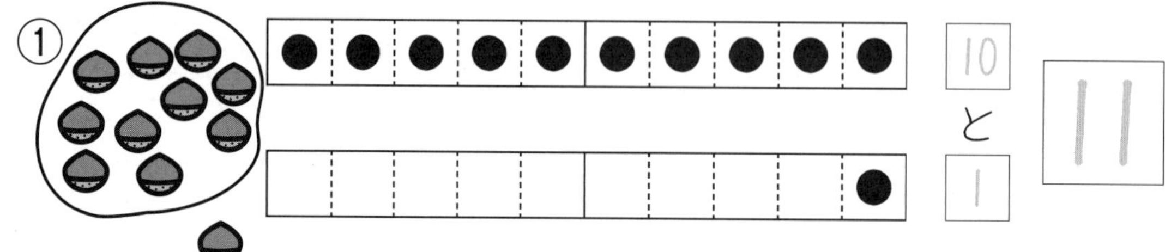

②
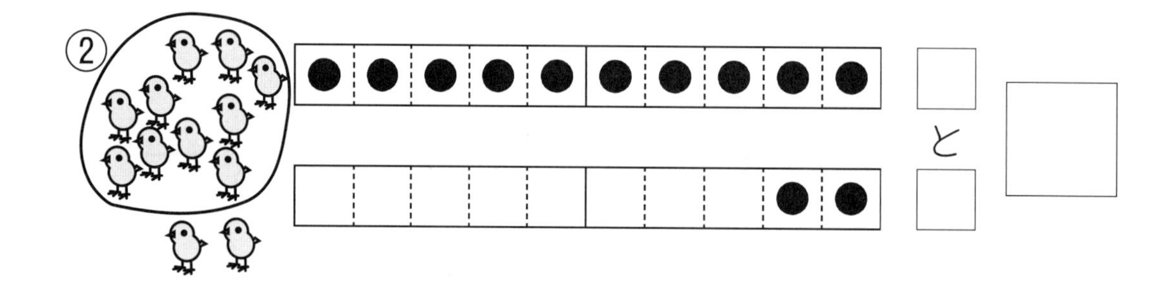

③
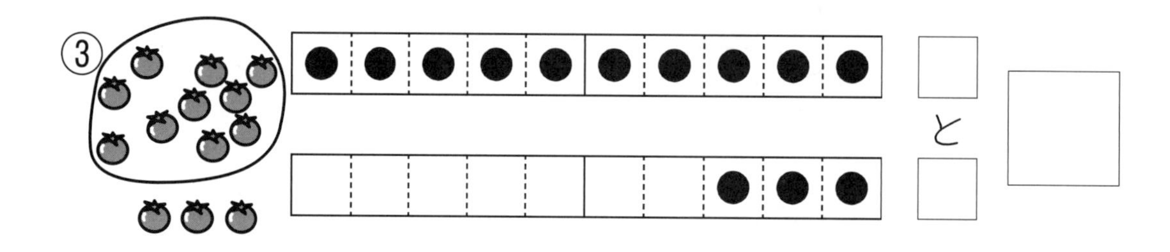

④
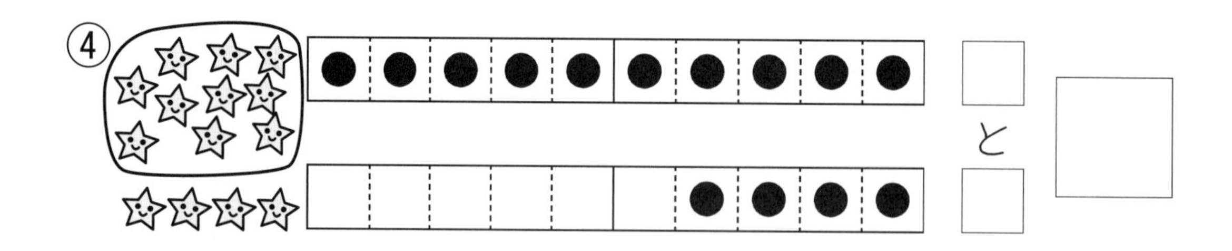

⑤
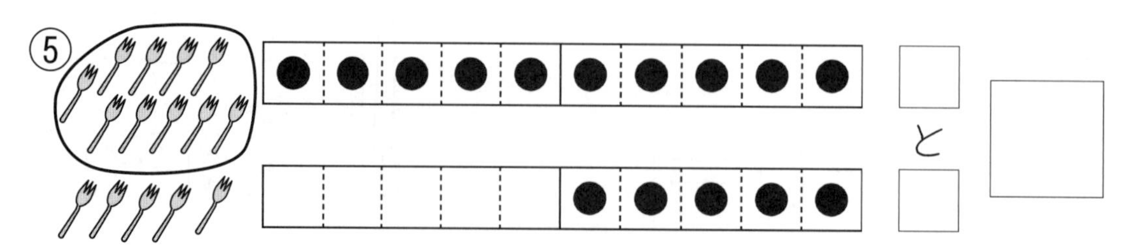

6 10よりおおきいかず ②

なまえ

かずを　かぞえましょう。

①

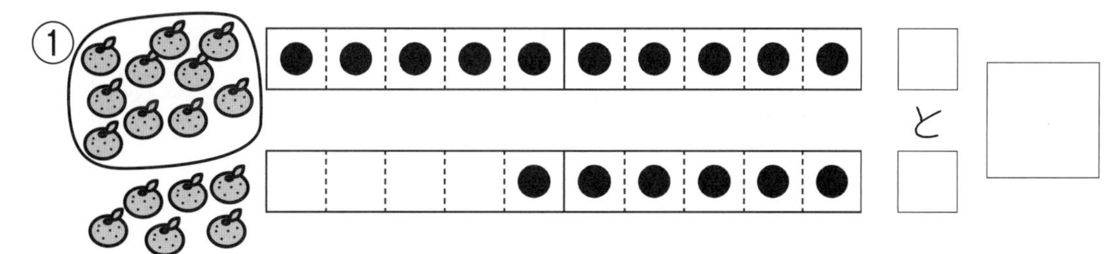

②

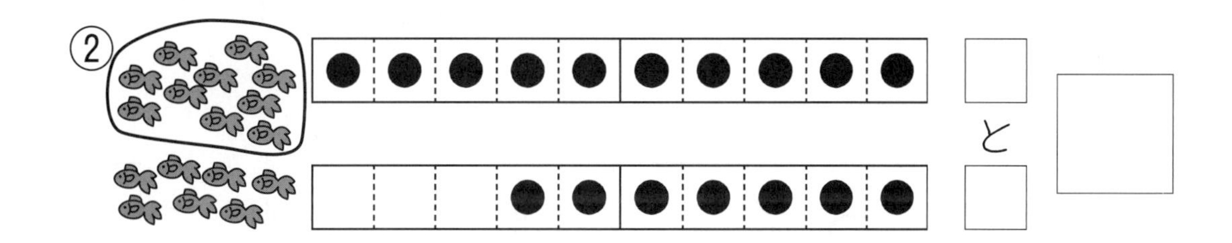

③

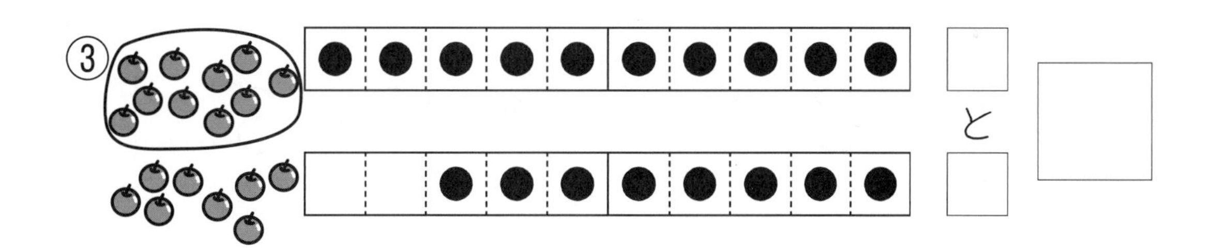

④

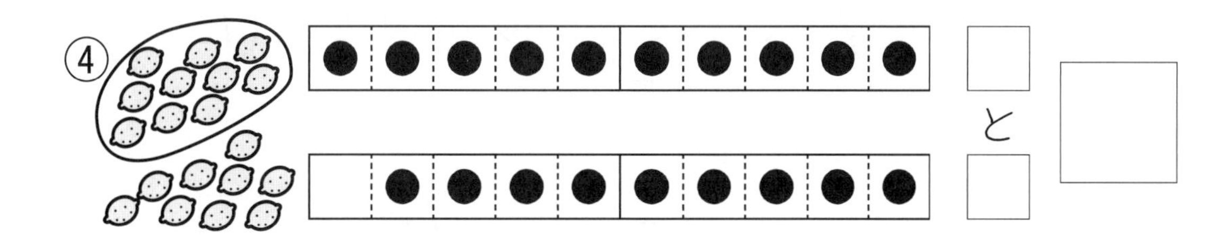

⑤

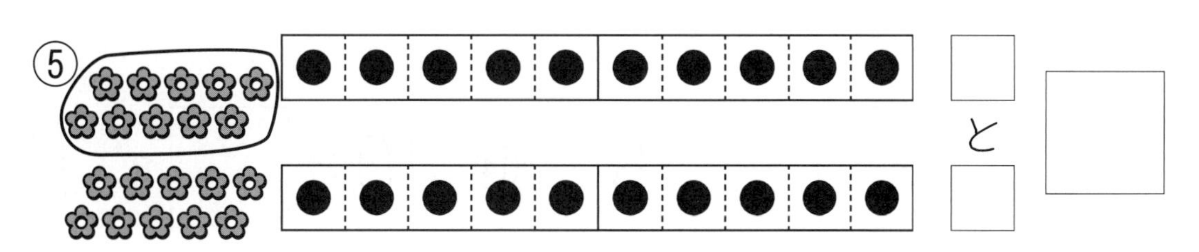

6 10よりおおきいかず ③

なまえ

□に　はいる　かずを　かきましょう。

① 10と　2で　[12]

② 10と　7で　□

③ 10と　6で　□

④ 10と　1で　□

⑤ 10と　5で　□

⑥ 10と　4で　□

⑦ 10と　8で　□

⑧ 10と　3で　□

⑨ 10と　9で　□

⑩ 10と　10で　□

⑪ 10と□で　12

⑫ 10と□で　17

⑬ 10と□で　15

⑭ 10と□で　13

6 10よりおおきいかず ④

□に はいる かずを かきましょう。

① 15 は 10 と 5

② 14 は 10 と □

③ 17 は 10 と □

④ 16 は 10 と □

⑤ 19 は 10 と □

⑥ 20 は 10 と □

⑦ 18 は 10 と □

⑧ 13 は 10 と □

⑨ 11 は 10 と □

⑩ 12 は 10 と □

⑪ 15 は □ と 5

⑫ 16 は □ と 6

⑬ 17 は □ と 7

⑭ 14 は □ と 4

6 10よりおおきいかず ⑤

なまえ

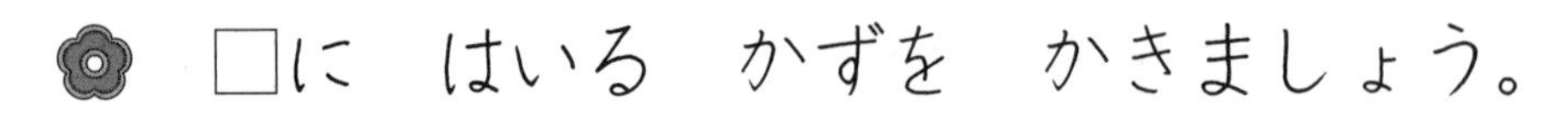

□に　はいる　かずを　かきましょう。

① 10 － □ － 12 － 13 － □ － □ － □

② 12 － □ － 14 － □ － 16 － □ － □

③ □ － 18 － 19

④ □ － 16 － 17

⑤ 18 － 19 － □

⑥ □ － 12 － 13 － □ － 15 － □ － □

⑦ □ － 14 － 15 － 16 － □ － □ － □

⑧ 14 － □ － 16 － 17 － □ － □ － □

6 10よりおおきいかず ⑥

おおきい　ほうに　○を　つけましょう。

① 8 と 11
（　　）（　　）

② 15 と 13
（　　）（　　）

③ 9 と 11
（　　）（　　）

④ 20 と 12
（　　）（　　）

⑤ 18 と 15
（　　）（　　）

⑥ 14 と 17
（　　）（　　）

⑦ 12 と 14
（　　）（　　）

⑧ 20 と 18
（　　）（　　）

⑨ 11 と 13
（　　）（　　）

⑩ 15 と 17
（　　）（　　）

⑪ 13 と 19
（　　）（　　）

⑫ 16 と 12
（　　）（　　）

6 10よりおおきいかず ⑦

なまえ

つぎの　けいさんを　しましょう。

① $12+4=\square$

② $11+5=\square$

③ $12+6=\square$

④ $13+3=\square$

⑤ $14+4=\square$

⑥ $15+1=\square$

⑦ $16+2=\square$

⑧ $17+1=\square$

⑨ $15+3=\square$

⑩ $13+5=\square$

10よりおおきいかず ⑧

つぎの　けいさんを　しましょう。

① $16-4=\square$

② $12-1=\square$

③ $13-2=\square$

④ $15-3=\square$

⑤ $18-5=\square$

⑥ $16-1=\square$

⑦ $19-4=\square$

⑧ $17-3=\square$

⑨ $14-2=\square$

⑩ $18-3=\square$

7 なんじ・なんじはん ①

なまえ

 ずを　みて　なんじか　かきましょう。

①
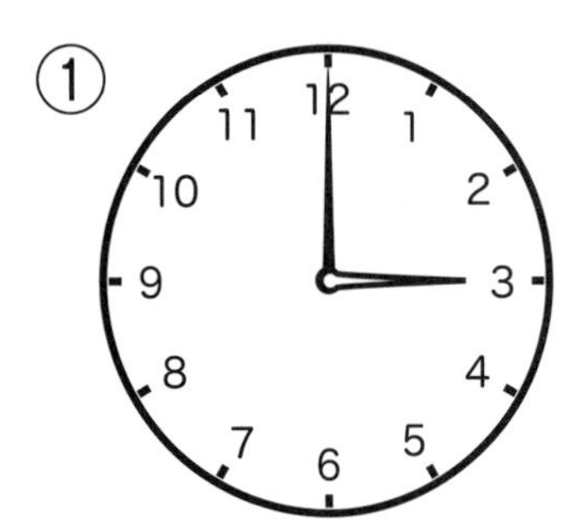

3 じ

②
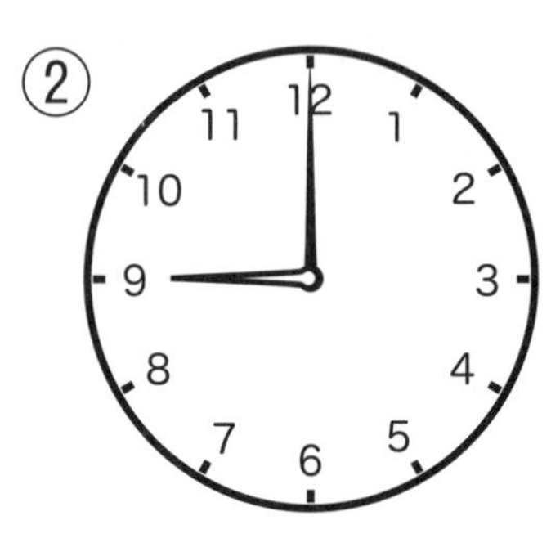

じ

③

じ

④

じ

⑤
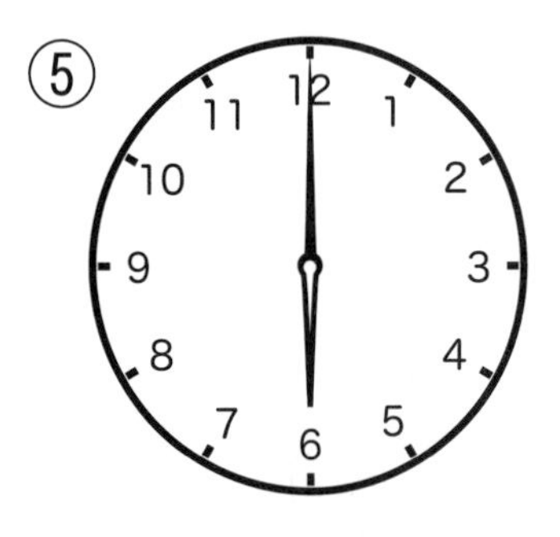

じ

⑥

じ

⑦

じ

⑧

じ

7 なんじ・なんじはん ②

みじかい　はりを　かきましょう。

① 3じ

② 1じ

③ 11じ

④ 9じ

⑤ 10じ

⑥ 8じ

⑦ 5じ

⑧ 6じ

なんじ・なんじはん ③

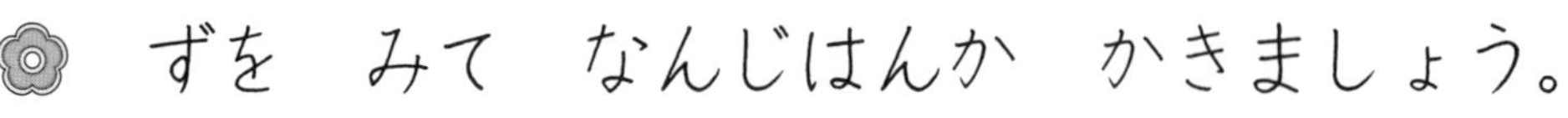

ずを　みて　なんじはんか　かきましょう。

①
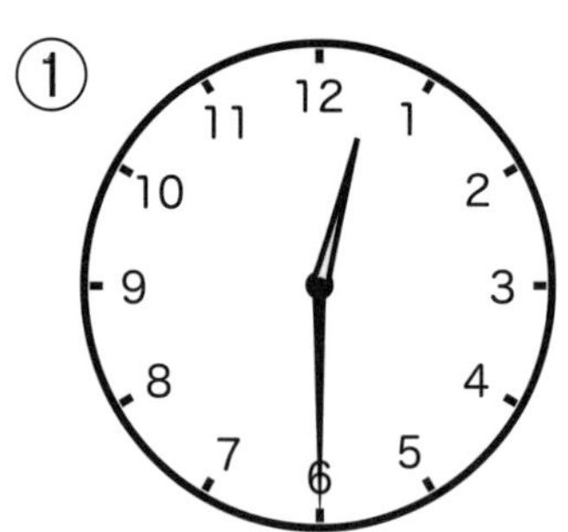

じはん

②
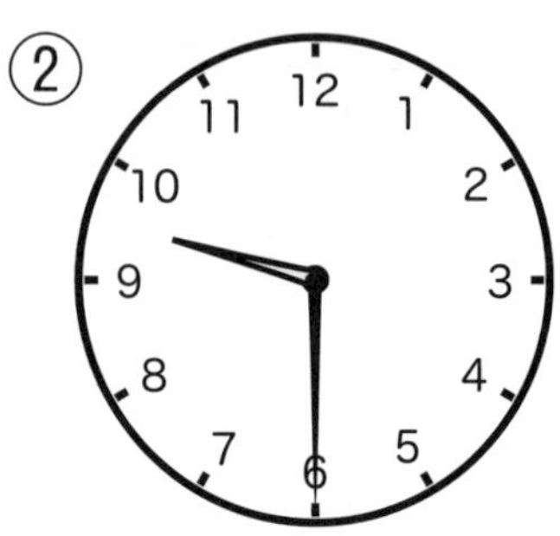

じはん

③
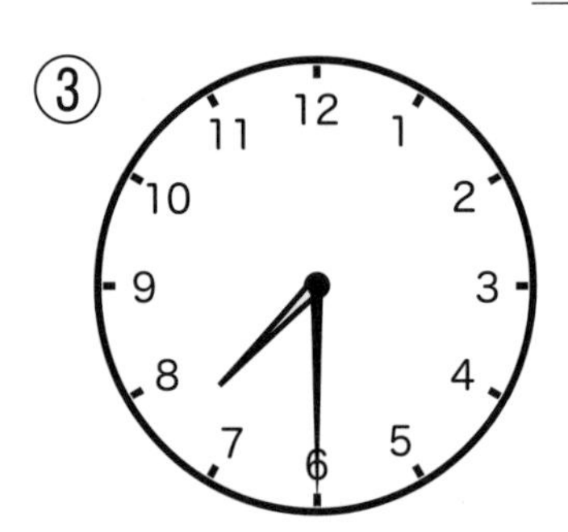

じはん

④
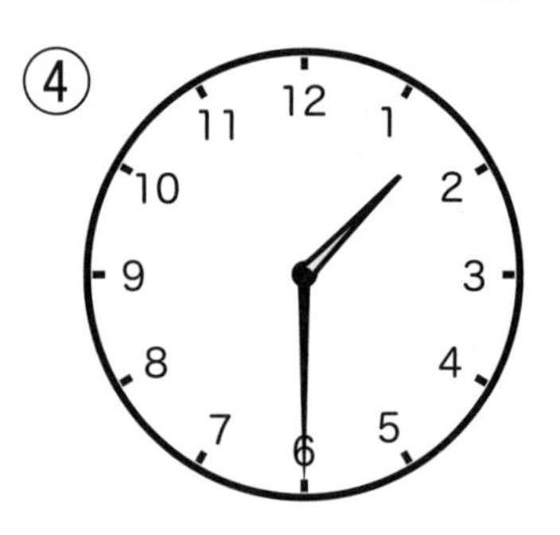

じはん

⑤

じはん

⑥
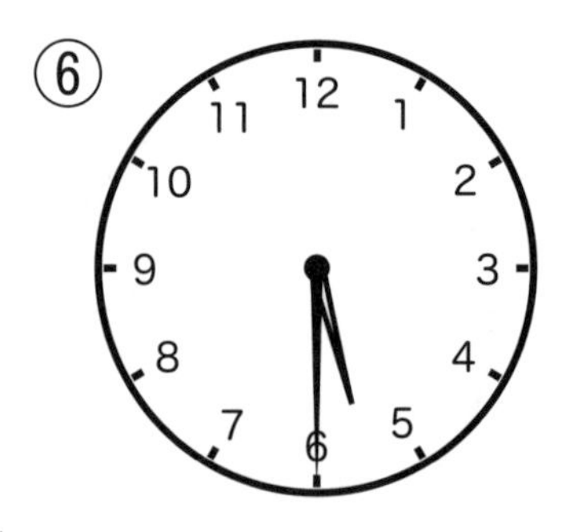

じはん

⑦

じはん

⑧
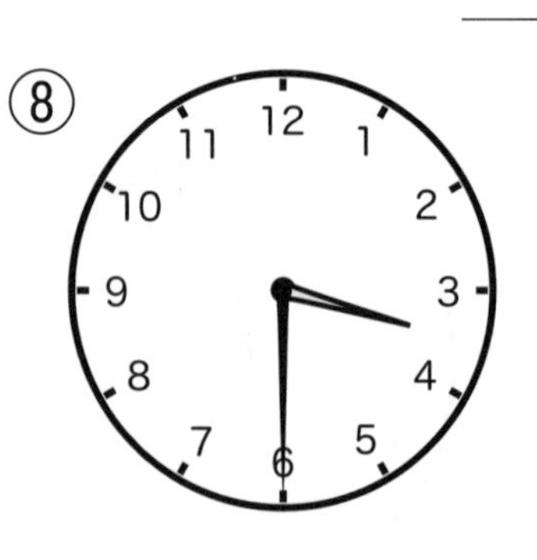

じはん

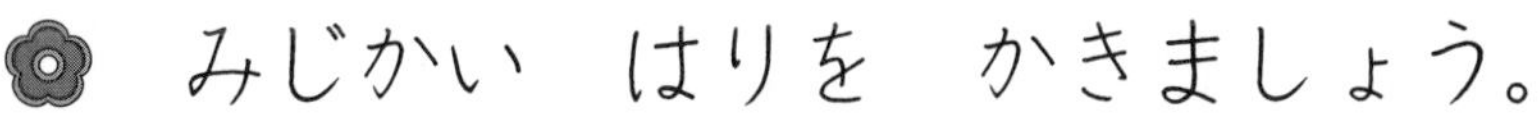

7 なんじ・なんじはん ④

なまえ

みじかい　はりを　かきましょう。

① 10じはん

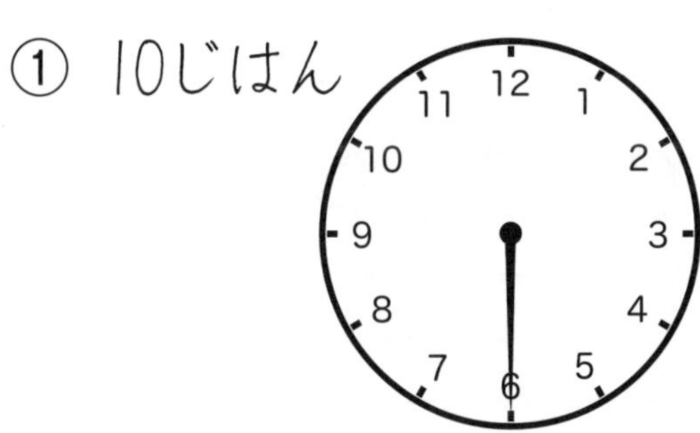

② 1じはん

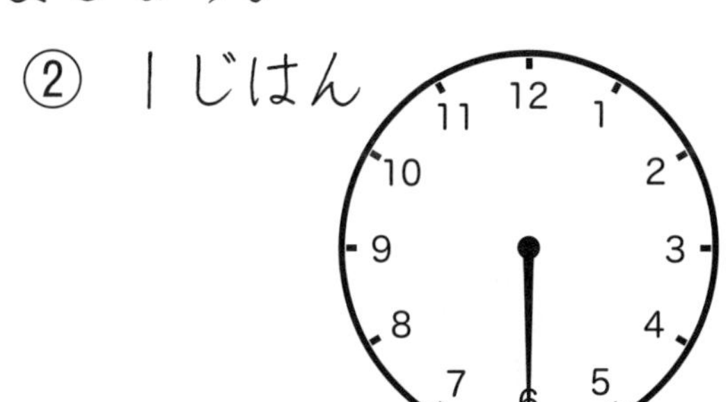

③ 12じはん

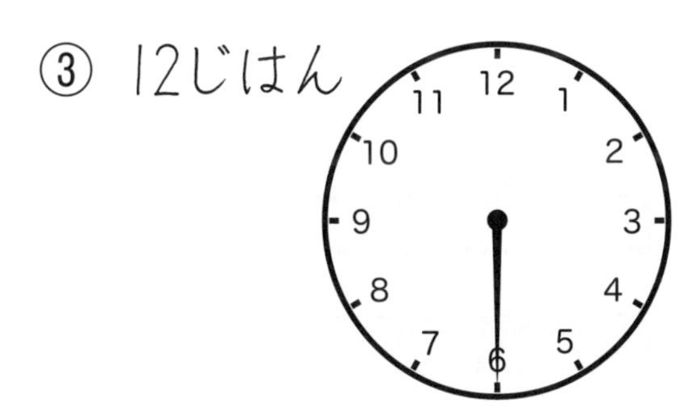

④ 5じはん

⑤ 6じはん

⑥ 9じはん

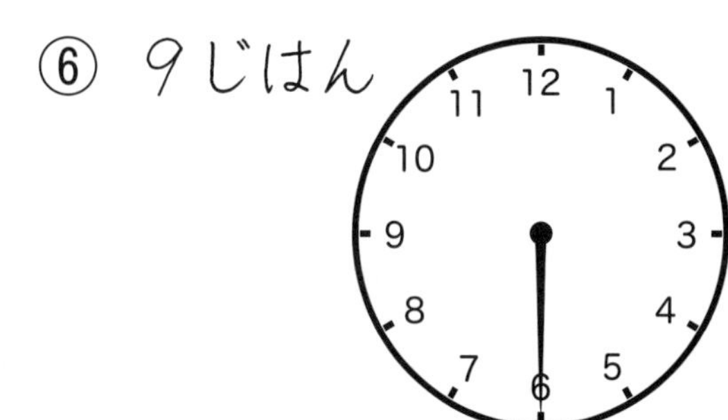

⑦ 3じはん

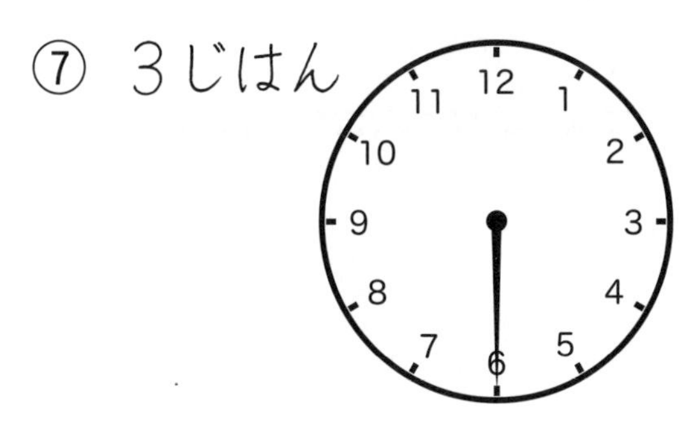

⑧ 11じはん

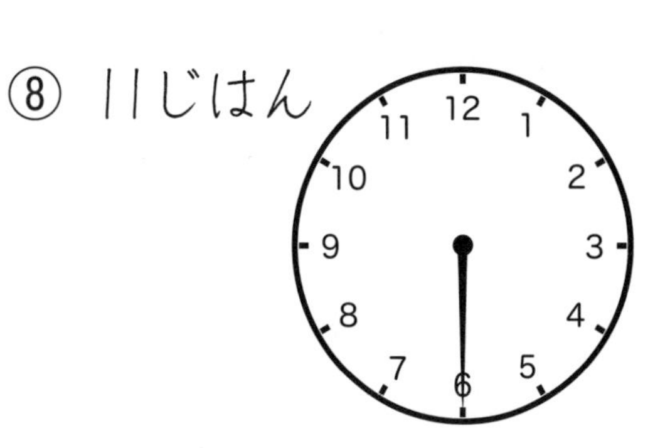

8 どちらがながい ①

なまえ

いちばん　ながい　ものに　○を　つけましょう。

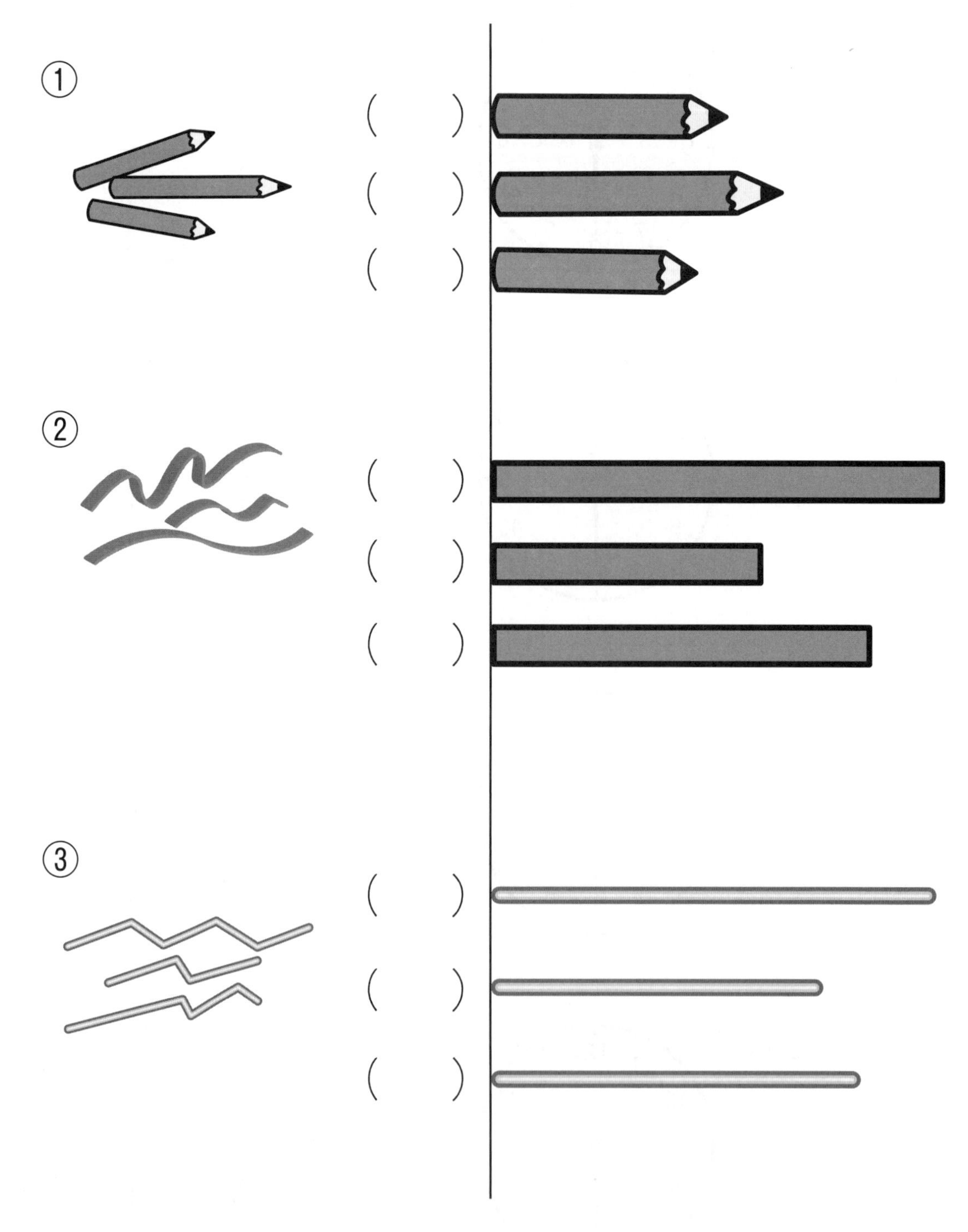

8 どちらがながい ②

なまえ

たてと　よこの　ながい　ほうに　○を　つけましょう。

① はがき

(　　)たて

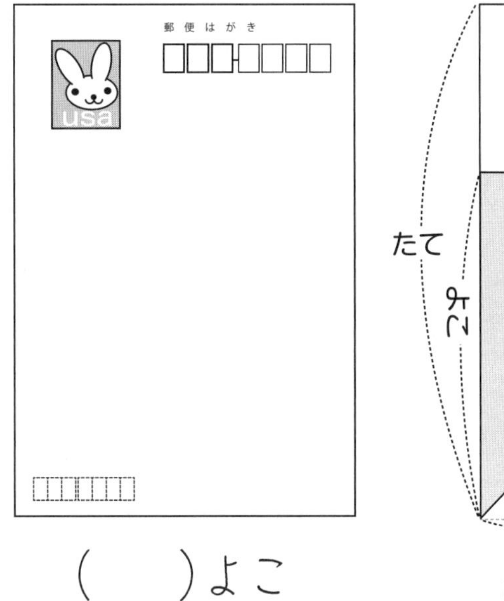

(　　)よこ

おると　わかりやすいよ

② ケース

(　　)たて

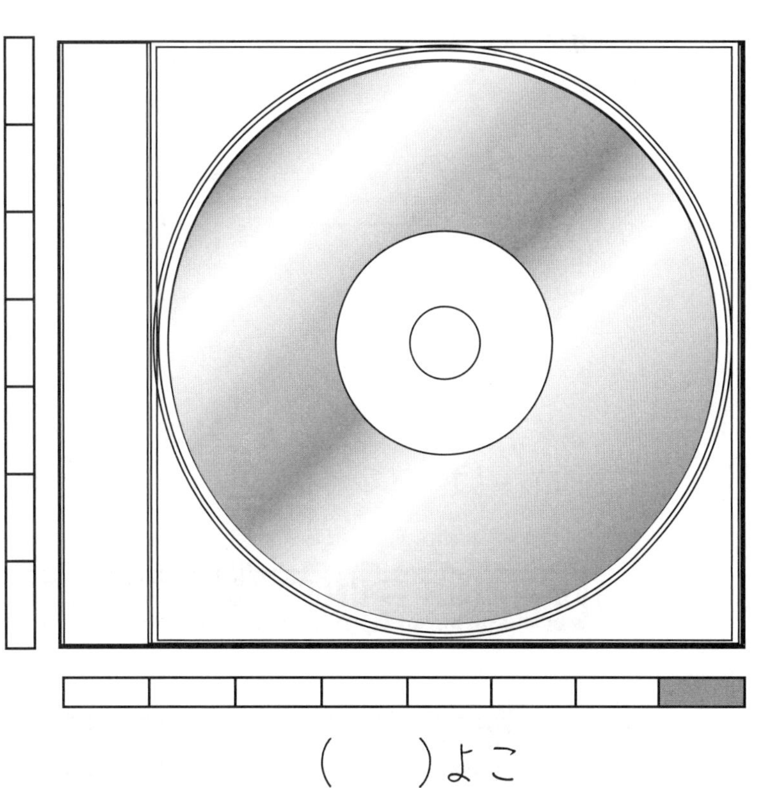

(　　)よこ

8 どちらがながい ③

なまえ

1 それぞれ　いくつぶんですか。

① ゆびを　ひろげた　はば

つくえの　よこの　ながさは

 の □ つぶんです。

② えんぴつの　ながさ

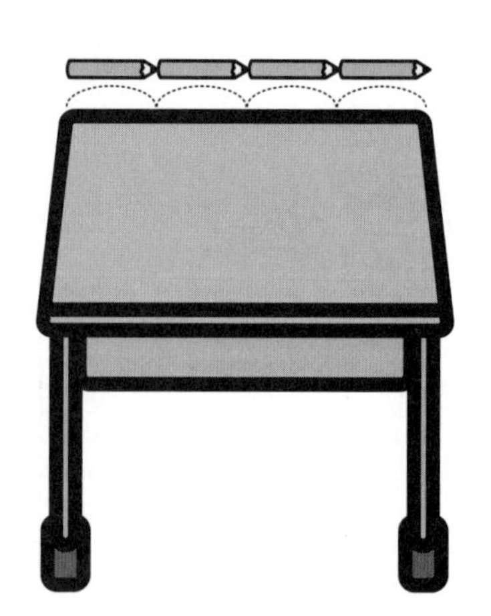

つくえの　よこの　ながさは

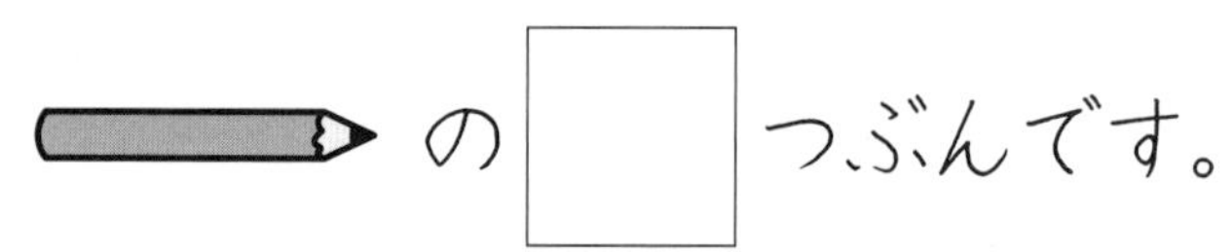

の □ つぶんです。

2 ながい　ほうに　○を　つけましょう。

(　　)

(　　)

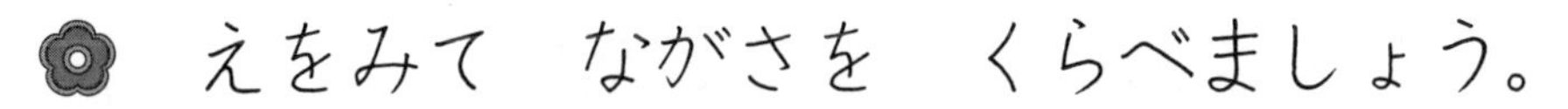

えをみて　ながさを　くらべましょう。

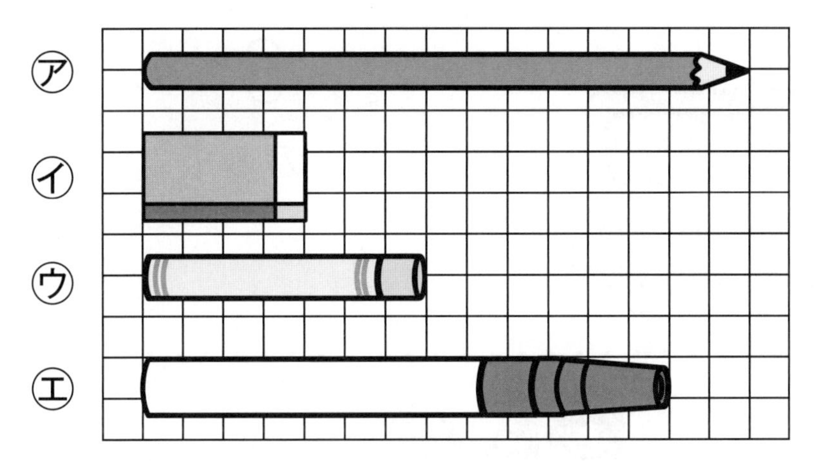

① ㋐〜㋓は　それぞれ　ますの　いくつぶんですか。

㋐ ますの 15 こぶん　㋑ ますの □ こぶん

㋒ ますの □ こぶん　㋓ ますの □ こぶん

② いちばん　ながい　ものは　どれですか。 □

③ いちばん　みじかい　ものは　どれですか。 □

④ いちばん　ながい　ものと　みじかい　ものは
なんます　ちがいますか。
しき

こたえ　　　ます

9 3つのかずのけいさん ①

なまえ

みんなで　なんにんに　なりましたか。

3 にん

のって　います。

3

3 にん

のりました。

3 ＋ □

3 にん

のりました。

3 ＋ 3 ＋ □

しき

＋　＋　＝

こたえ　　にん

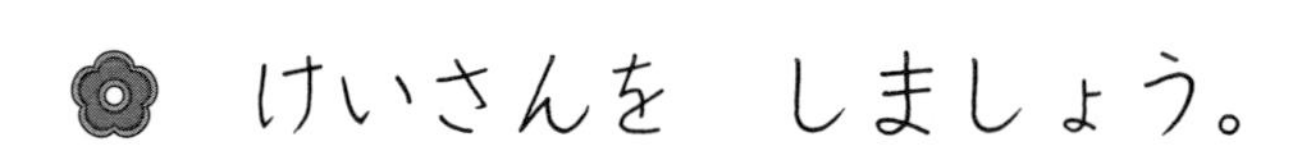

けいさんを　しましょう。

① $2+3+1=$ 6

② $2+2+3=$ □

③ $3+4+2=$ □

④ $4+5+1=$ □

⑤ $4+6+4=$ □

⑥ $6+4+5=$ □

⑦ $9+1+6=$ □

⑧ $8+2+7=$ □

⑨ $1+8+10=$ □

⑩ $10+1+9=$ □

9 3つのかずのけいさん ③

✿ けいさんを　しましょう。

① 12 − 2 − 1 = □

② 9 − 1 − 2 = □

③ 8 − 4 − 2 = □

④ 7 − 5 − 1 = □

⑤ 9 − 3 − 4 = □

⑥ 13 − 3 − 5 = □

⑦ 14 − 4 − 6 = □

⑧ 17 − 2 − 3 = □

⑨ 18 − 2 − 4 = □

⑩ 19 − 9 − 9 = □

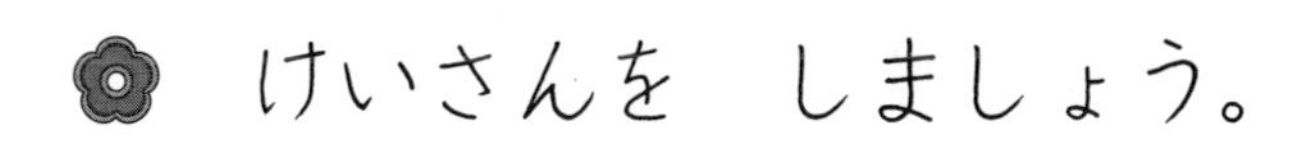

✿ けいさんを　しましょう。

① $12-2+1=\square$

② $15-4+2=\square$

③ $14-2+6=\square$

④ $17-5+3=\square$

⑤ $10-6+4=\square$

⑥ $10-7+5=\square$

⑦ $10-4+3=\square$

⑧ $10-2+1=\square$

⑨ $10-3+2=\square$

⑩ $10-8+5=\square$

10 どちらがおおい ①

なまえ

どちらが　おおく　はいりますか。

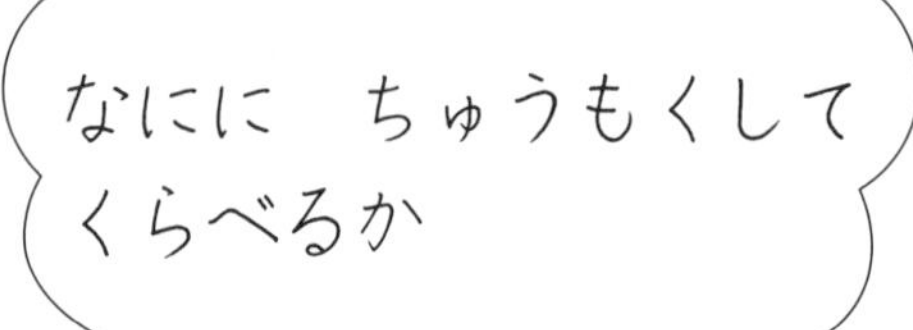

①

②

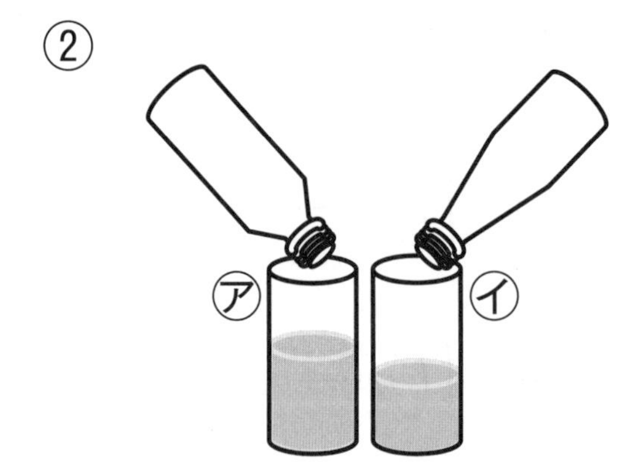

みずが　あふれたから、

□の　ほうが、

おおく　はいる。

みずの　たかさを
くらべると、

□の　ほうが、

おおく　はいる。

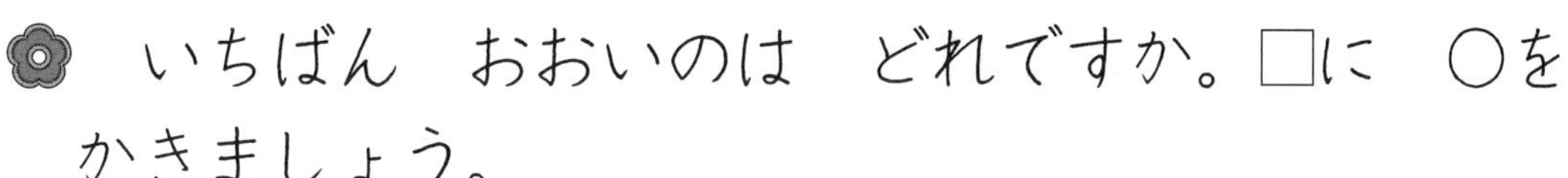

いちばん　おおいのは　どれですか。□に　○を
かきましょう。

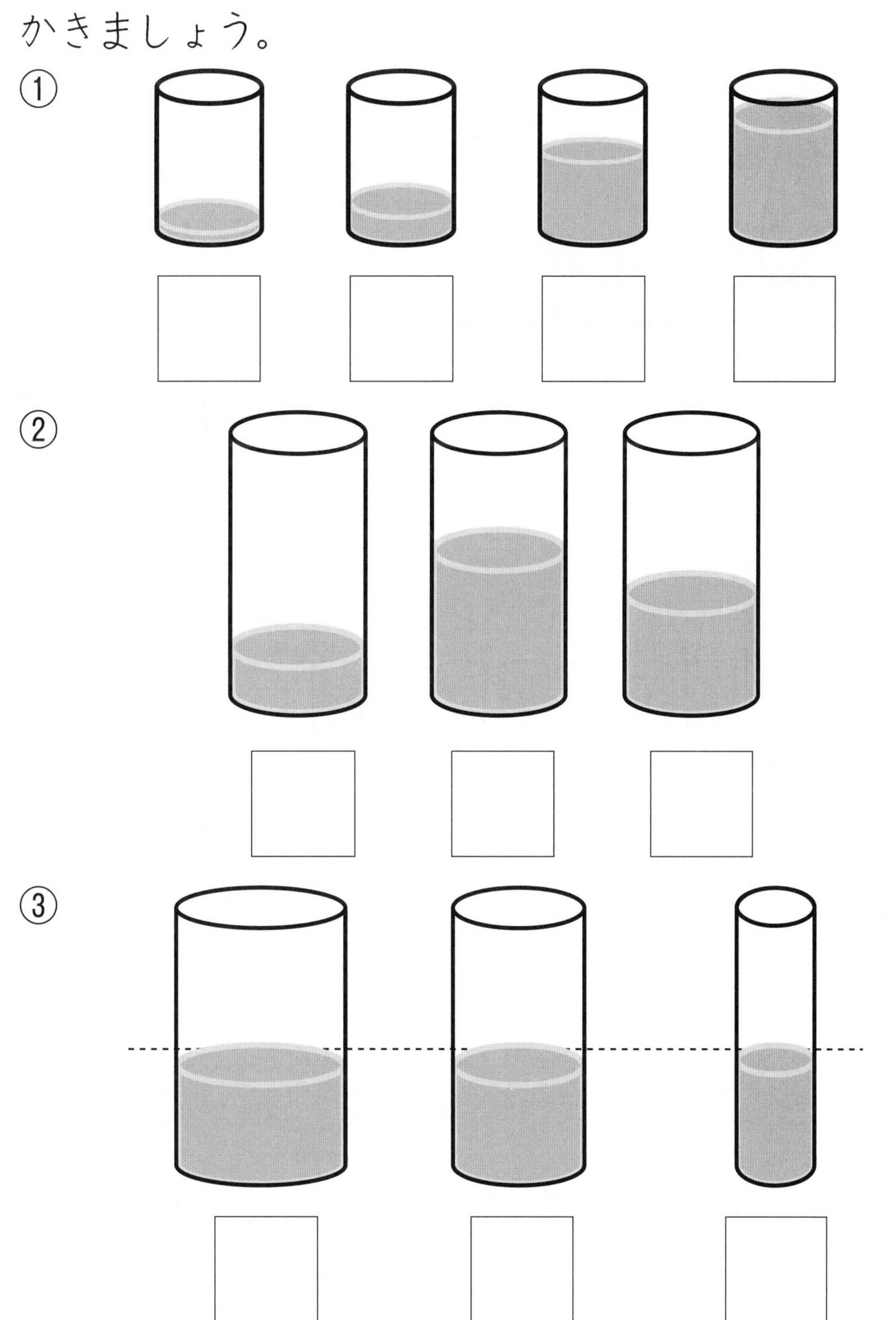

10 どちらがおおい ③

なまえ

どちらが　どれだけ　おおく　はいりますか。

① どれだけ　はいりますか。

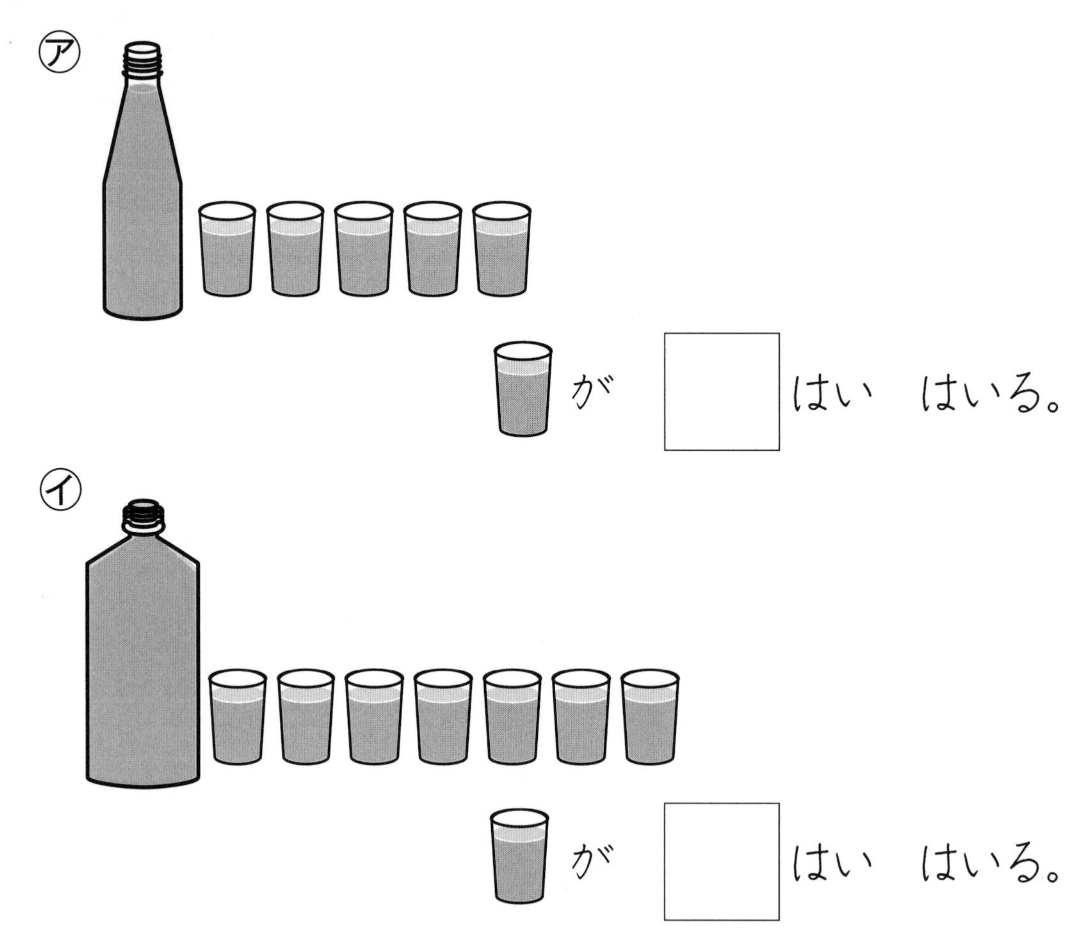

② どちらが　どれだけ　おおく　はいりますか。

□の　ほうが、コップ　□はいぶん　おおく　はいる。

10 どちらがおおい ④

なまえ

いちばん　おおく　はいるのは　どれですか。

① どれだけ　はいりますか。

㋐

コップに［　］ばい
はいる。

㋑

コップに［　］はい
はいる。

㋒

コップに［　］はい
はいる。

② どれが　いちばん　おおく　はいりますか。

［　］が、いちばん　おおく　はいる。

11 たしざん ①

なまえ

1 9＋3の　けいさんの　しかた。

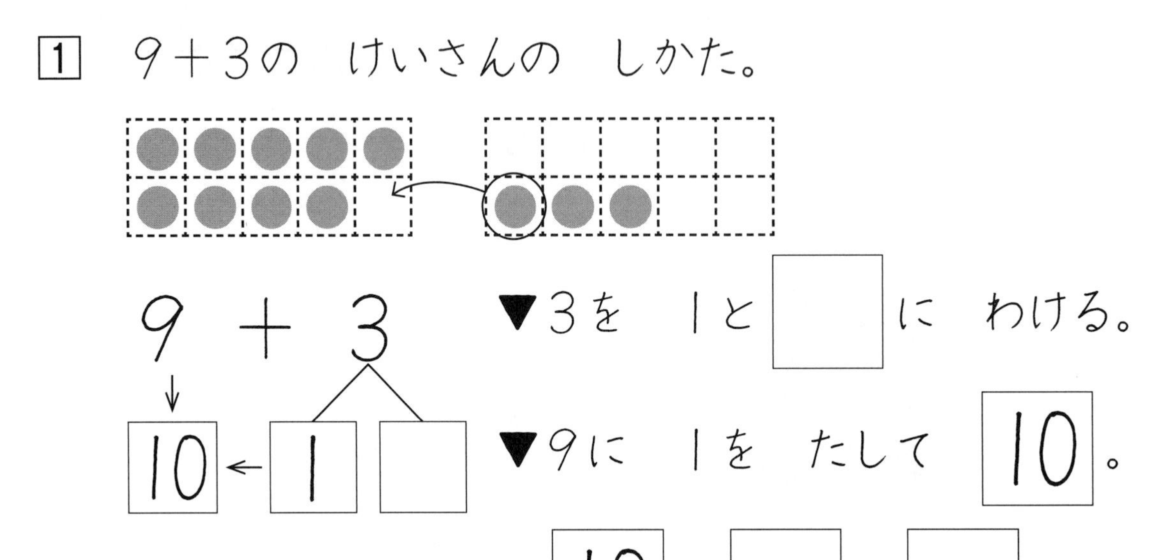

▼3を　1と□に　わける。

▼9に　1を　たして　10。

▼10と□で□。

2 9＋6の　けいさんの　しかた。

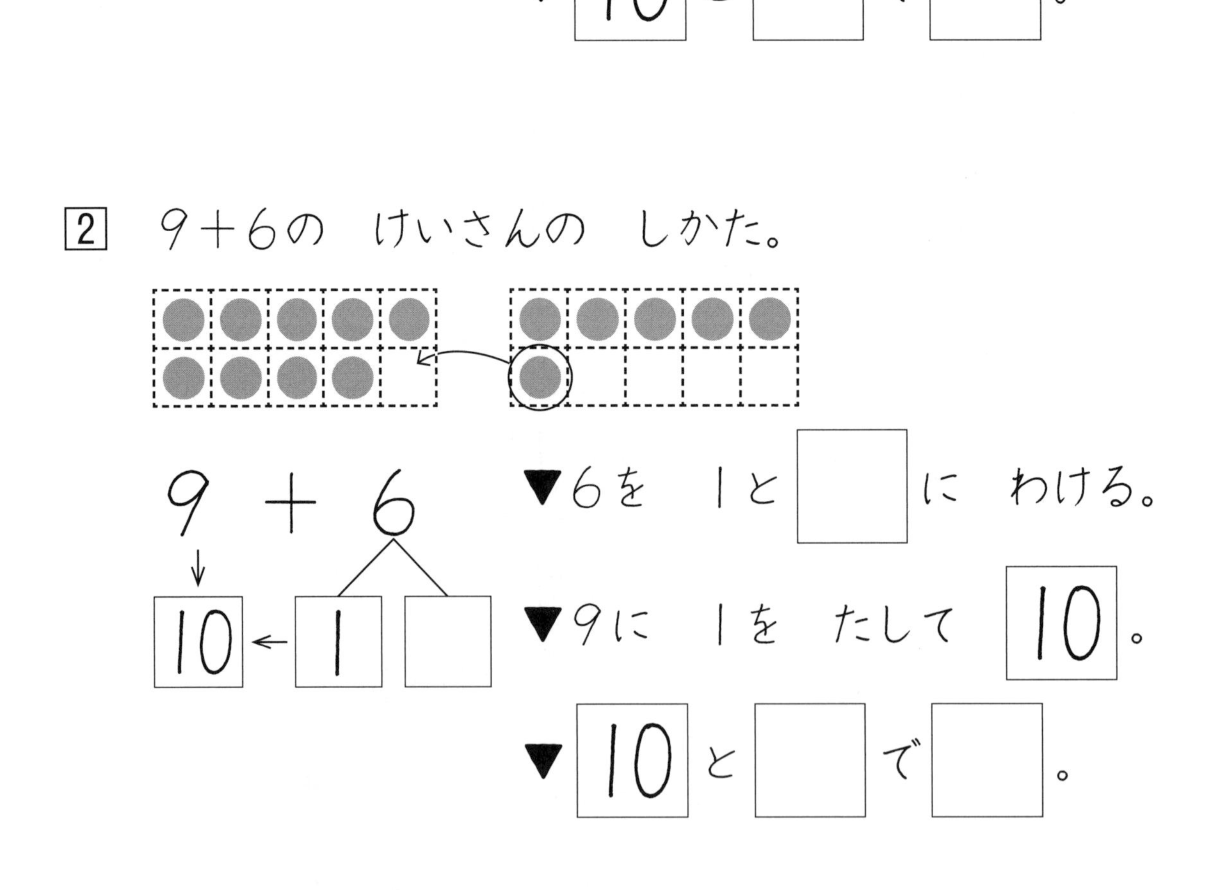

▼6を　1と□に　わける。

▼9に　1を　たして　10。

▼10と□で□。

11 たしざん ②

1 8＋3の けいさんの しかた。

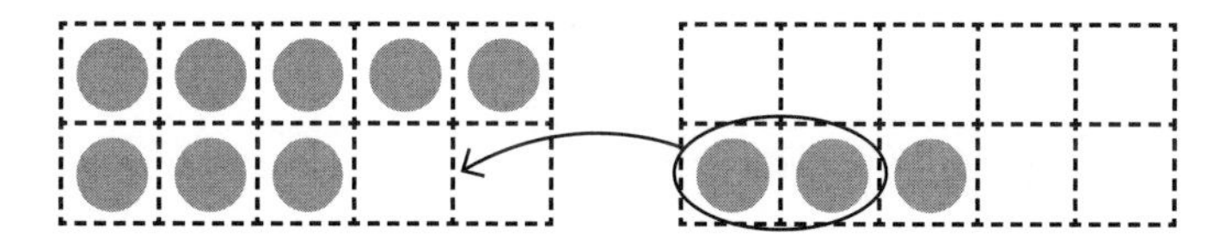

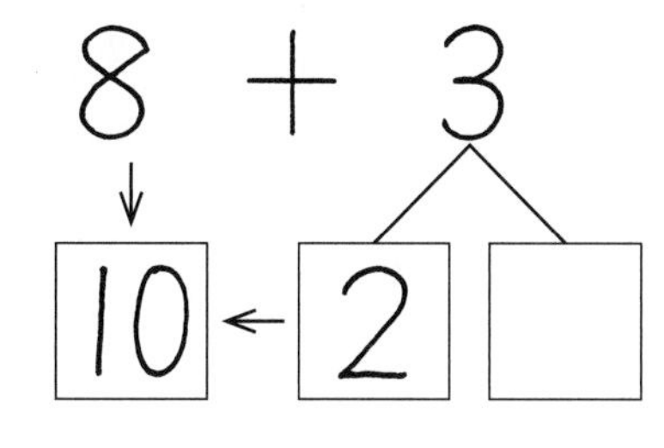

▼3を 2と □ に わける。

▼8に 2を たして 10 。

▼ 10 と □ で □ 。

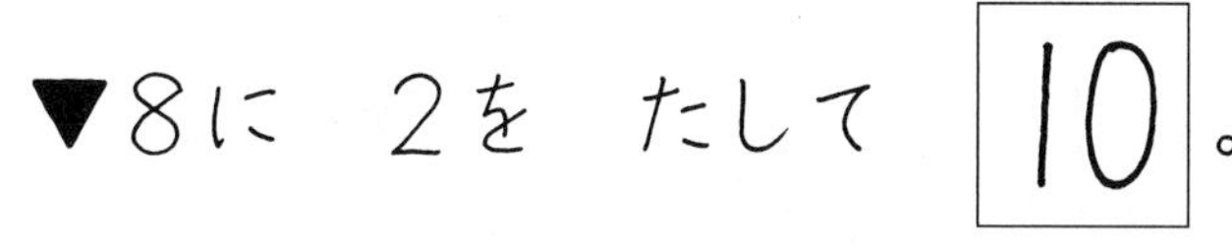

2 8＋6の けいさんの しかた。

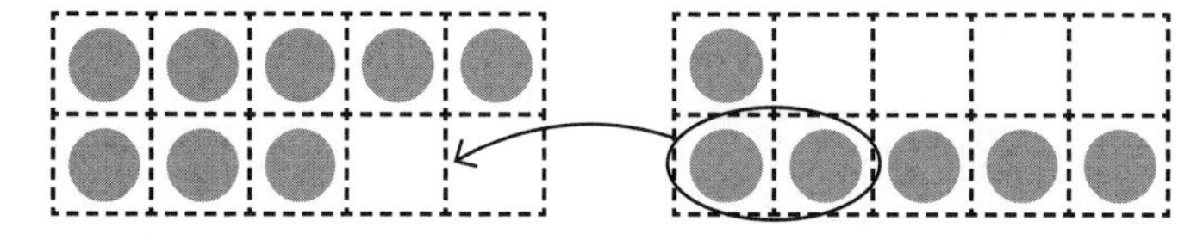

8 ＋ 6

10 ← 2 □

▼6を 2と □ に わける。

▼8に 2を たして 10 。

▼ 10 と □ で □ 。

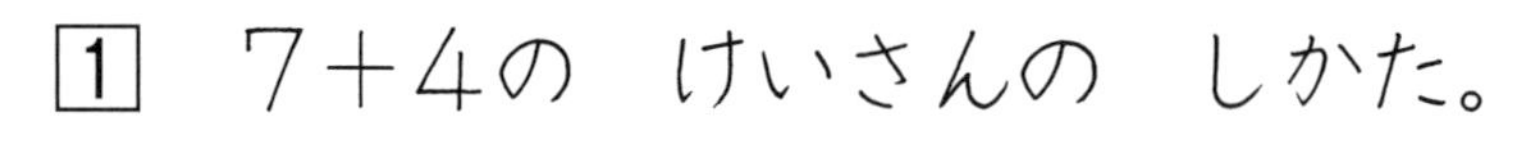

1 7＋4の けいさんの しかた。

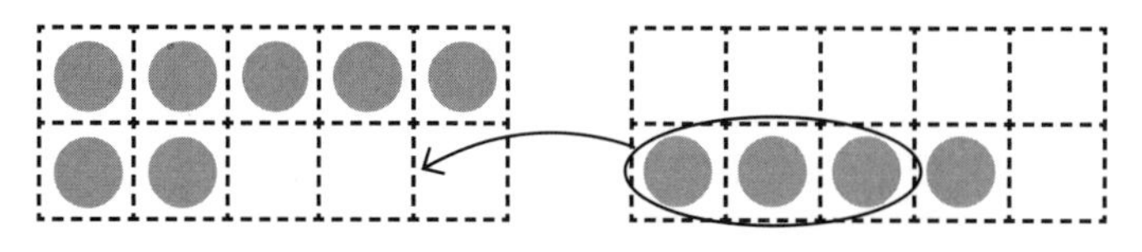

7 ＋ 4

10 ← 3 □

▼4を 3と □に わける。

▼7に 3を たして 10。

▼10と □で □。

2 7＋6の けいさんの しかた。

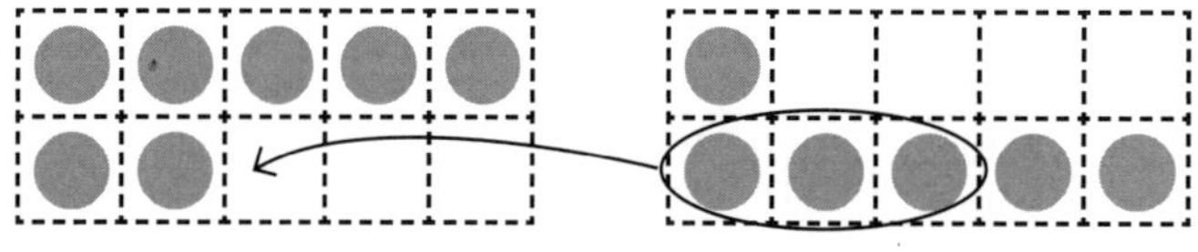

7 ＋ 6

10 ← 3 □

▼6を 3と □に わける。

▼7に 3を たして 10。

▼10と □で □。

11 たしざん ④

たしざんを　しましょう。

① $9+2=\square$　② $9+8=\square$

③ $9+7=\square$　④ $9+5=\square$

⑤ $9+6=\square$　⑥ $9+4=\square$

⑦ $9+3=\square$　⑧ $9+9=\square$

⑨ $8+3=\square$　⑩ $8+5=\square$

⑪ $8+4=\square$　⑫ $8+6=\square$

⑬ $8+7=\square$　⑭ $8+9=\square$

⑮ $8+8=\square$　⑯ $7+4=\square$

11 たしざん ⑤

たしざんを　しましょう。

① $7+8=$ □　② $7+6=$ □

③ $7+7=$ □　④ $7+5=$ □

⑤ $7+9=$ □　⑥ $6+8=$ □

⑦ $6+6=$ □　⑧ $6+7=$ □

⑨ $6+5=$ □　⑩ $6+9=$ □

⑪ $5+9=$ □　⑫ $5+7=$ □

⑬ $5+8=$ □　⑭ $5+6=$ □

⑮ $4+7=$ □　⑯ $4+8=$ □

11 たしざん ⑥

たしざんを　しましょう。

① $4+9=\square$　② $3+9=\square$

③ $3+8=\square$　④ $2+9=\square$

⑤ $9+4=\square$　⑥ $9+7=\square$

⑦ $9+6=\square$　⑧ $9+5=\square$

⑨ $9+2=\square$　⑩ $9+8=\square$

⑪ $9+3=\square$　⑫ $9+9=\square$

⑬ $8+8=\square$　⑭ $8+5=\square$

⑮ $8+7=\square$　⑯ $8+6=\square$

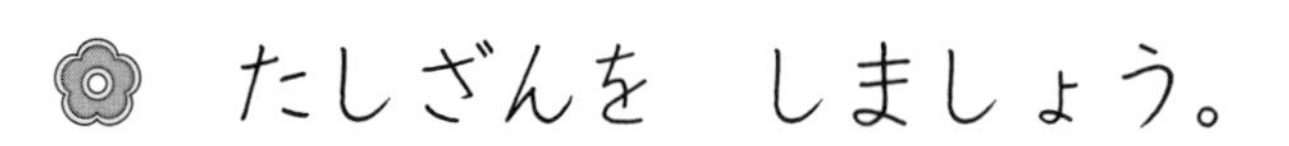

たしざんを　しましょう。

① $9+2=\square$　② $7+4=\square$

③ $9+5=\square$　④ $3+9=\square$

⑤ $9+9=\square$　⑥ $5+7=\square$

⑦ $6+6=\square$　⑧ $9+8=\square$

⑨ $2+9=\square$　⑩ $9+7=\square$

⑪ $6+8=\square$　⑫ $9+4=\square$

⑬ $7+7=\square$　⑭ $6+5=\square$

⑮ $9+3=\square$　⑯ $7+9=\square$

11 たしざん ⑧

たしざんを　しましょう。

① $8+7=$ □　② $4+8=$ □

③ $8+3=$ □　④ $5+9=$ □

⑤ $7+6=$ □　⑥ $8+9=$ □

⑦ $7+8=$ □　⑧ $3+8=$ □

⑨ $5+6=$ □　⑩ $8+5=$ □

⑪ $4+7=$ □　⑫ $8+8=$ □

⑬ $6+9=$ □　⑭ $7+5=$ □

⑮ $8+4=$ □　⑯ $6+7=$ □

11 たしざん ⑨

たしざんを　しましょう。

① $8+5=\square$　② $9+6=\square$

③ $7+4=\square$　④ $8+7=\square$

⑤ $9+3=\square$　⑥ $6+5=\square$

⑦ $7+7=\square$　⑧ $9+4=\square$

⑨ $6+6=\square$　⑩ $8+4=\square$

⑪ $9+3=\square$　⑫ $7+6=\square$

⑬ $8+7=\square$　⑭ $9+5=\square$

⑮ $8+6=\square$　⑯ $7+5=\square$

11 たしざん ⑩

1 うさちゃんは　どんぐりを　9こ　ひろいました。
かえるくんは　どんぐりを　2こ　ひろいました。
あわせて　なんこ　ひろいましたか。

しき

9＋2＝

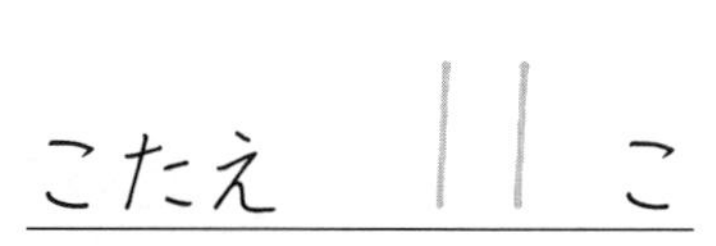

こたえ　11　こ

2 1くみで　きんぎょを　6ぴき　かっています。
7ひき　もらいました。
きんぎょは　ぜんぶで　なんびきに　なりましたか。

しき

こたえ　　　びき

3 きんいろの　おりがみが　8まい　あります。
ぎんいろの　おりがみが　7まい　あります。
おりがみは　ぜんぶで　なんまい　ありますか。

しき

こたえ　　　まい

12 かたちあそび ①

1 ころがるのは　どちらですか。

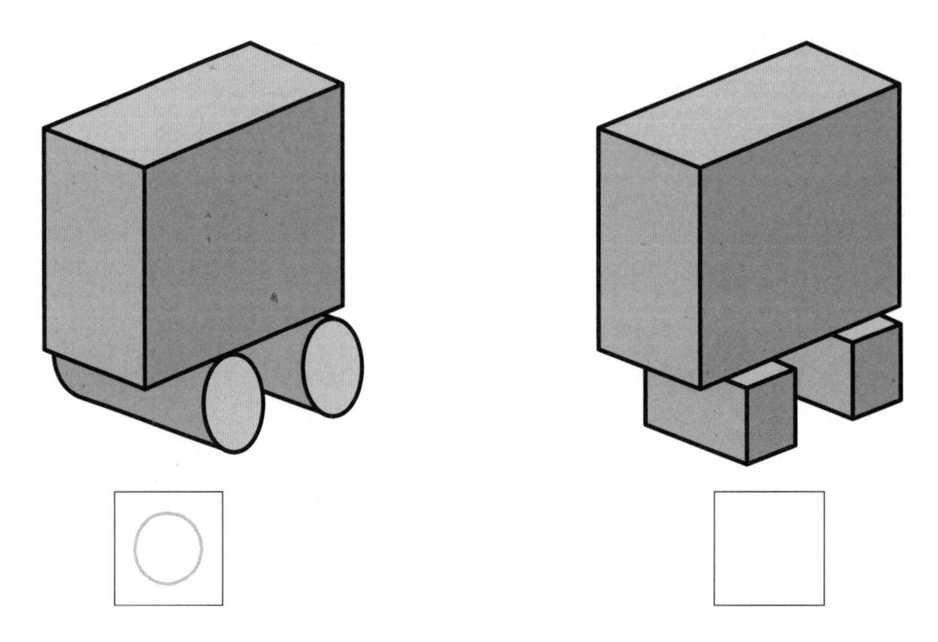

2 つみあげて　たかくなる　ものは　どちらですか。

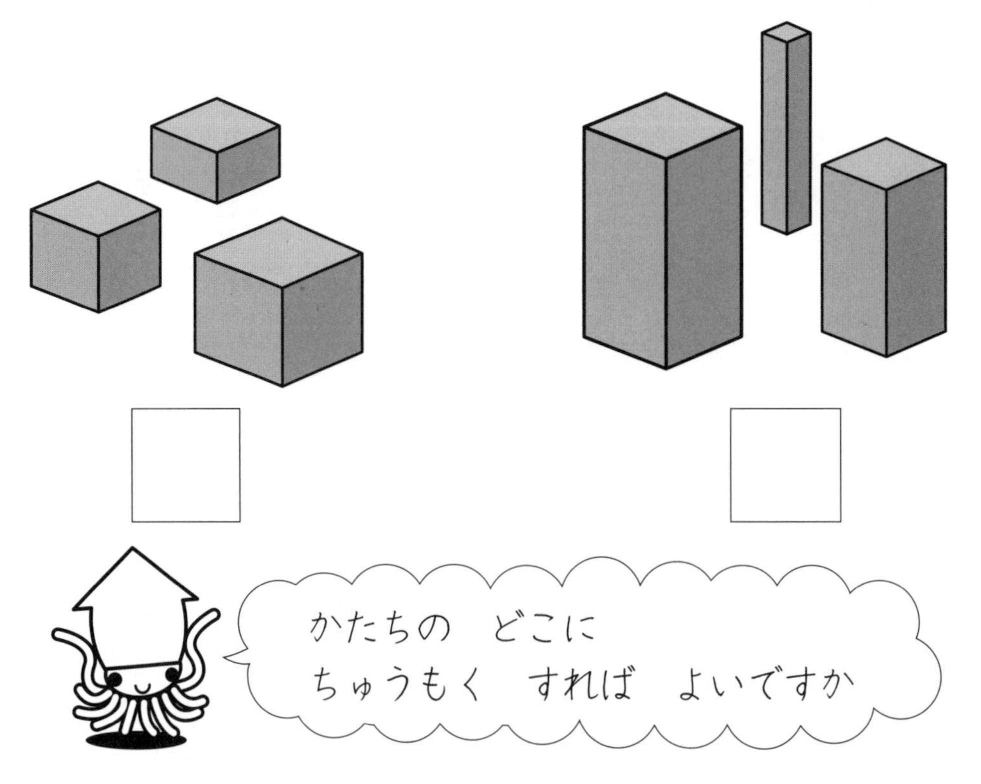

12 かたちあそび ②

なまえ

1 たおれにくい ものは どちらですか。

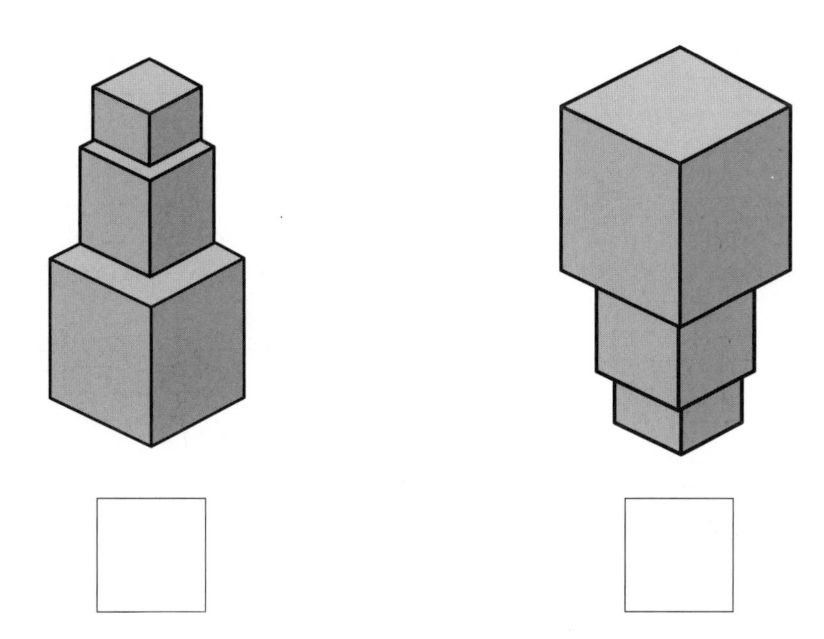

2 おなじ かたちを せんで むすびましょう。

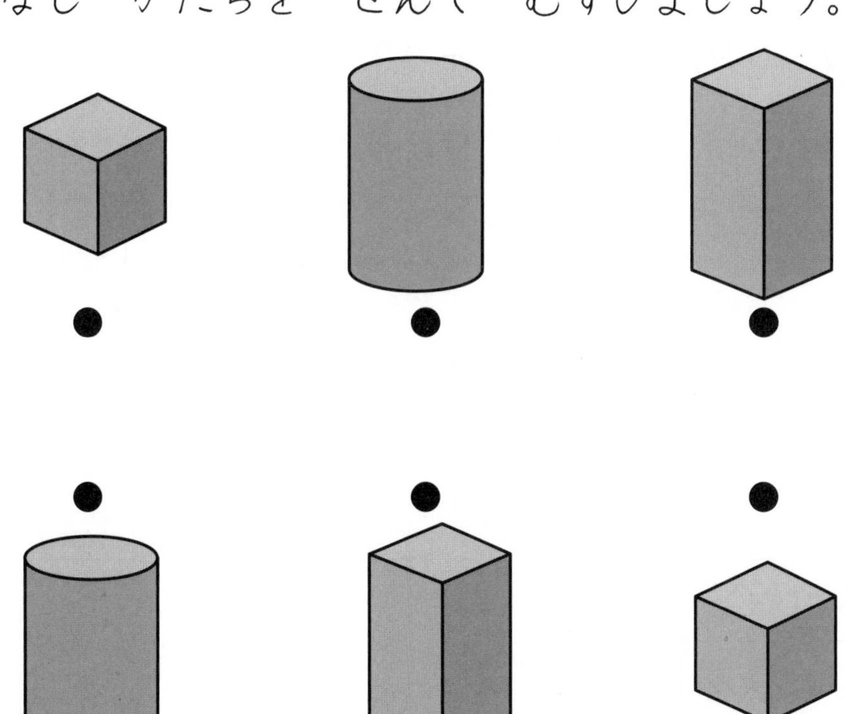

13 ひきざん ①

1 13－9の　けいさんの　しかた。

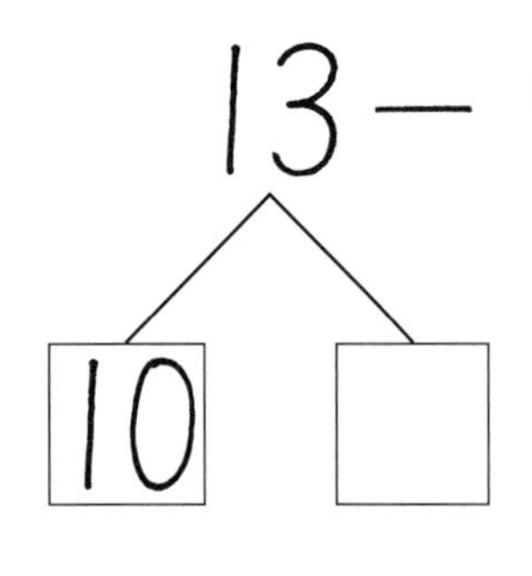

▼ 3から　9は　ひけない。

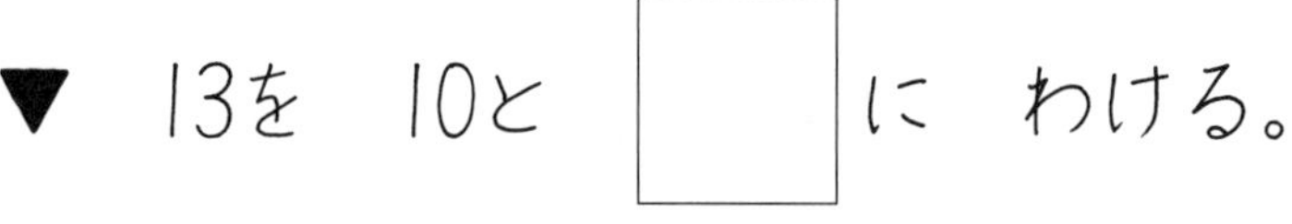

▼ 13を　10と □ に　わける。

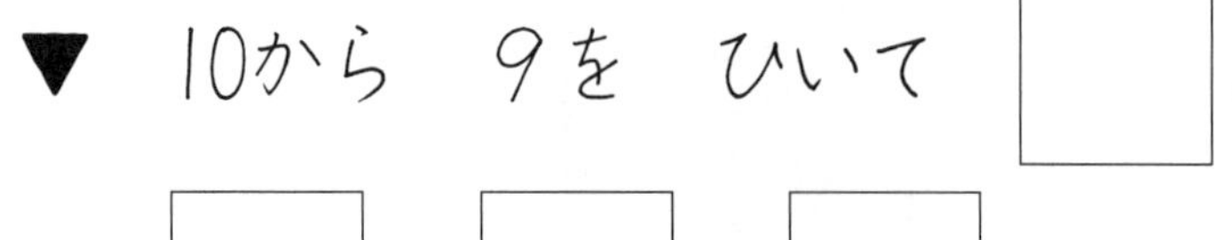

▼ 10から　9を　ひいて □。

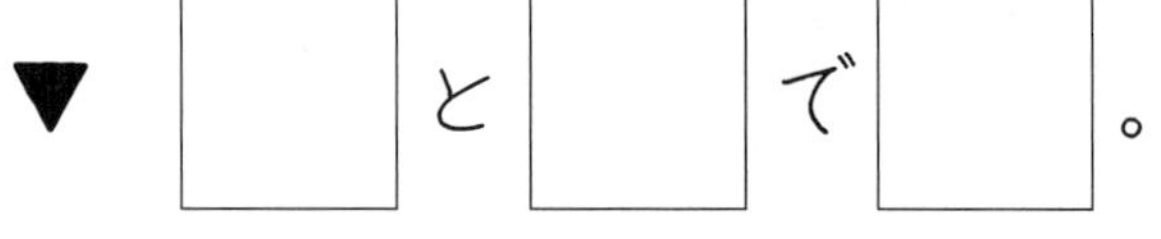

▼ □ と □ で □。

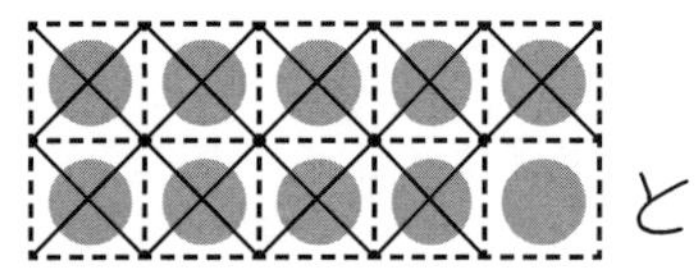

2 12－9の　けいさんの　しかた。

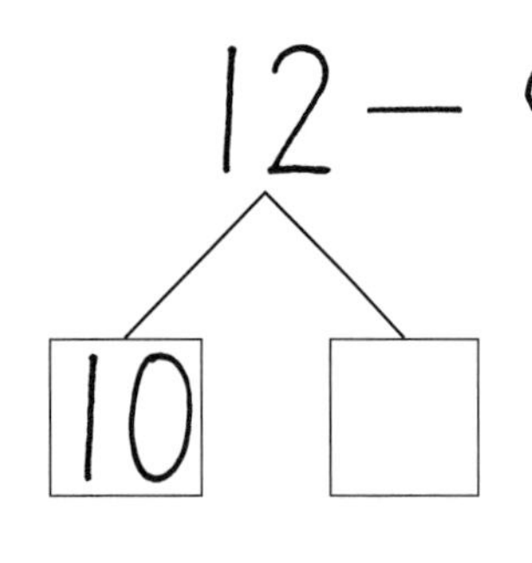

▼ 2から　9は　ひけない。

▼ 12を　10と □ に　わける。

▼ 10から　9を　ひいて □。

▼ □ と □ で □。

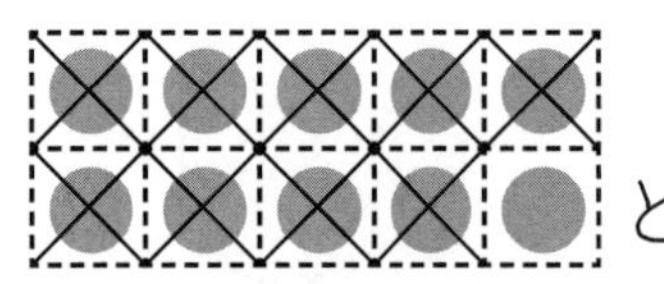

13 ひきざん ②

1 14−8の けいさんの しかた。

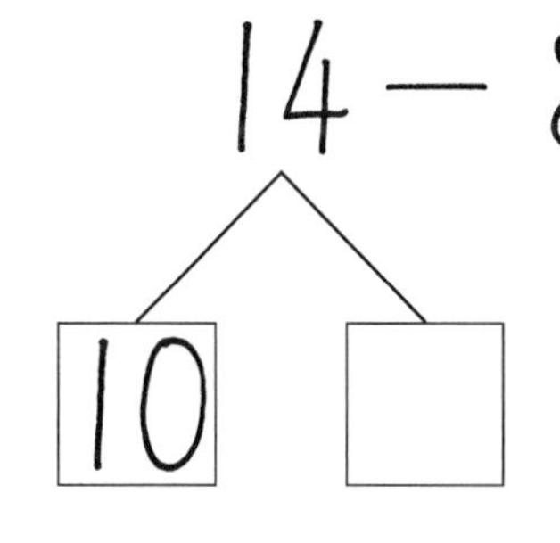

▼ 4から 8は ひけない。

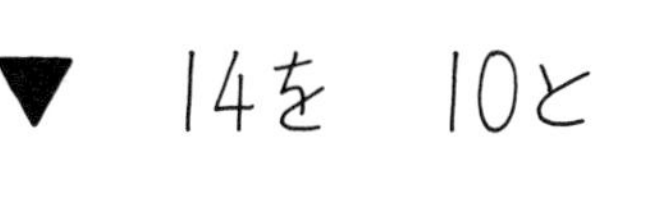
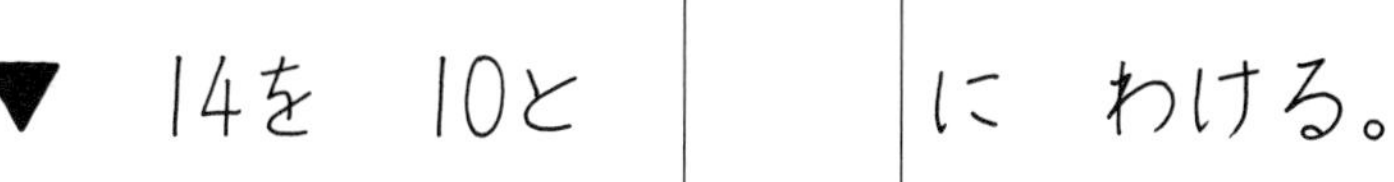

▼ 14を 10と □ に わける。

▼ 10から 8を ひいて □。

▼ □ と □ で □。

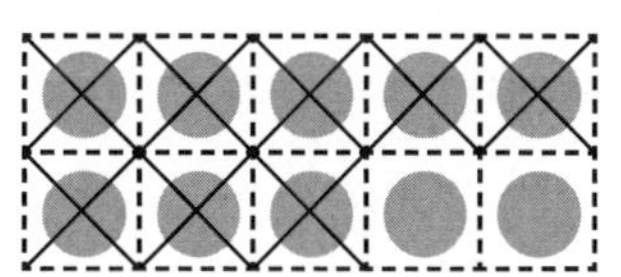

2 11−8の けいさんの しかた。

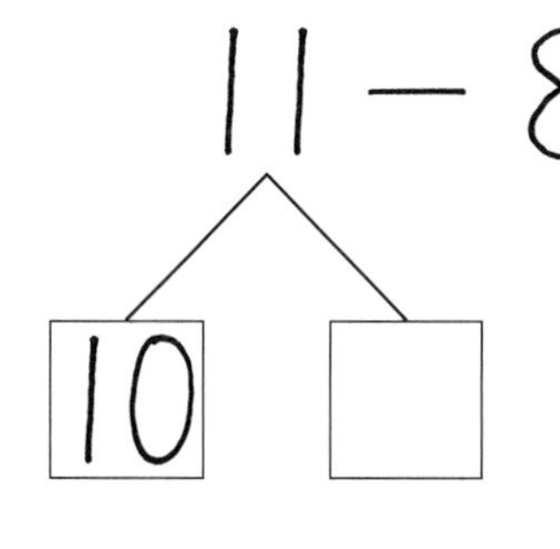

▼ 1から 8は ひけない。

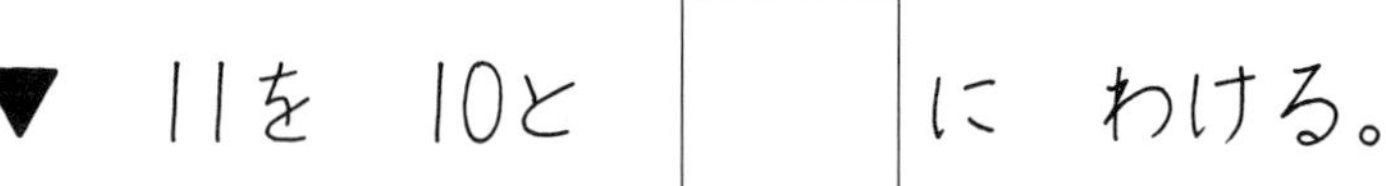

▼ 11を 10と □ に わける。

▼ 10から 8を ひいて □。

▼ □ と □ で □。

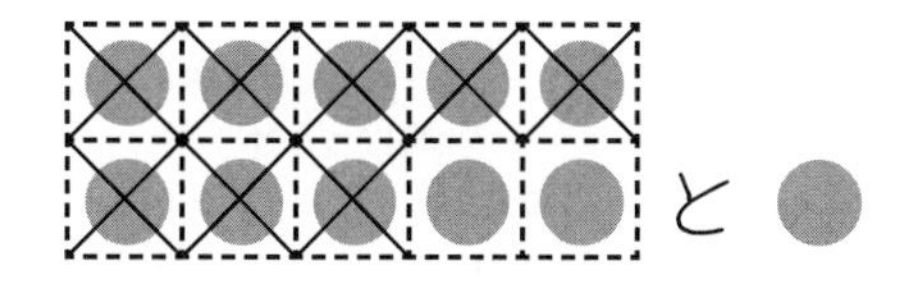

13 ひきざん ③

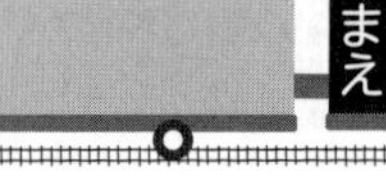

なまえ

1 12－7の　けいさんの　しかた。

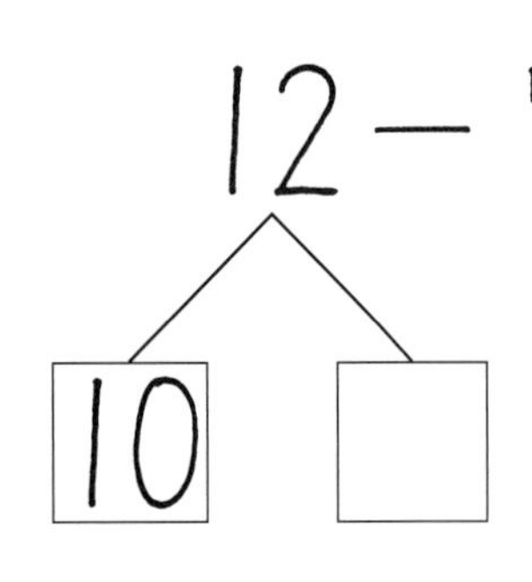

▼ 2から　7は　ひけない。

▼ 12を　10と □ に　わける。

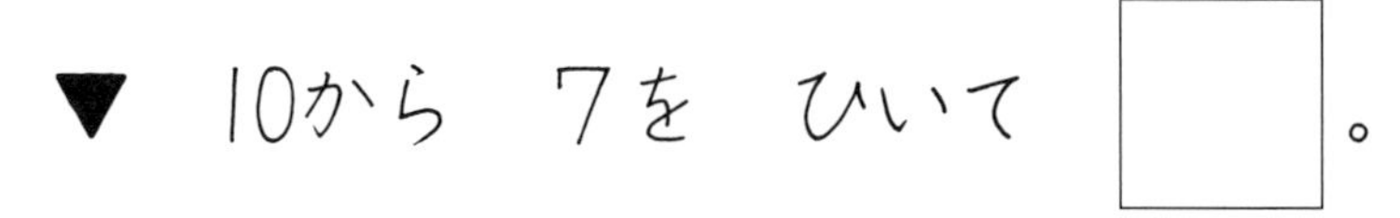

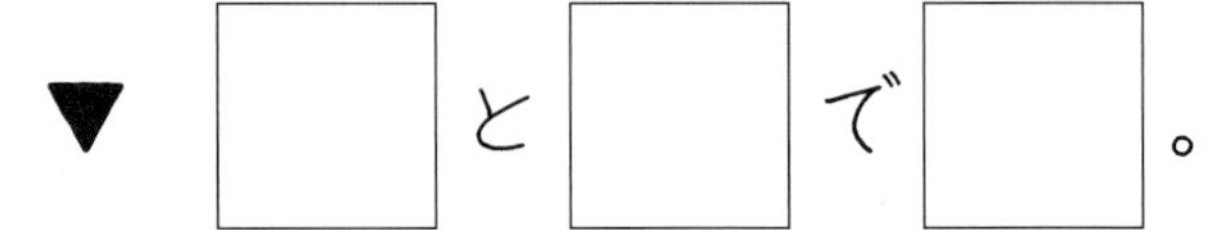

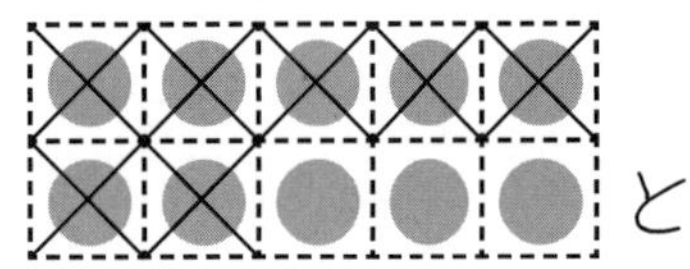

2 13－7の　けいさんの　しかた。

13－7

10 □

▼ 3から　7は　ひけない。

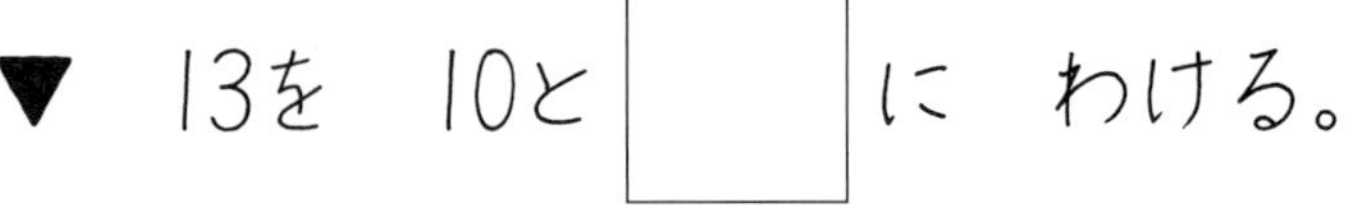

▼ 10から　7を　ひいて □。

▼ □ と □ で □。

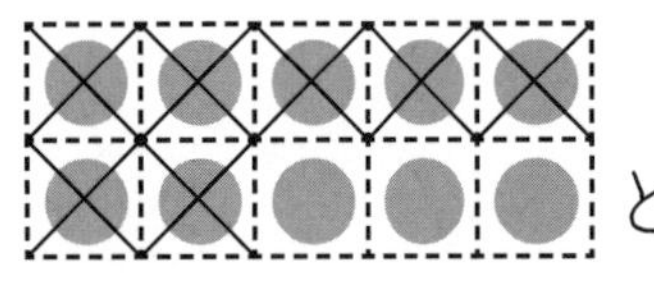

13 ひきざん ④

ひきざんを　しましょう。

① $16-9=\square$　② $14-9=\square$

③ $17-9=\square$　④ $11-9=\square$

⑤ $13-9=\square$　⑥ $15-9=\square$

⑦ $18-9=\square$　⑧ $12-9=\square$

⑨ $15-8=\square$　⑩ $13-8=\square$

⑪ $17-8=\square$　⑫ $11-8=\square$

⑬ $16-8=\square$　⑭ $12-8=\square$

⑮ $14-8=\square$　⑯ $11-7=\square$

13 ひきざん ⑤

ひきざんを　しましょう。

① $15-7=\square$　② $12-7=\square$

③ $13-7=\square$　④ $16-7=\square$

⑤ $14-7=\square$　⑥ $11-6=\square$

⑦ $15-6=\square$　⑧ $13-6=\square$

⑨ $12-6=\square$　⑩ $14-6=\square$

⑪ $12-5=\square$　⑫ $11-5=\square$

⑬ $13-5=\square$　⑭ $14-5=\square$

⑮ $12-4=\square$　⑯ $11-4=\square$

13 ひきざん ⑥

ひきざんを　しましょう。

① $13-4=$ □　② $11-3=$ □

③ $12-3=$ □　④ $11-2=$ □

⑤ $18-9=$ □　⑥ $12-9=$ □

⑦ $13-9=$ □　⑧ $15-9=$ □

⑨ $17-9=$ □　⑩ $11-9=$ □

⑪ $16-9=$ □　⑫ $14-9=$ □

⑬ $17-8=$ □　⑭ $11-8=$ □

⑮ $15-8=$ □　⑯ $13-8=$ □

13 ひきざん ⑦

ひきざんを　しましょう。

① 14－7＝□　② 11－9＝□

③ 13－5＝□　④ 12－8＝□

⑤ 13－4＝□　⑥ 12－3＝□

⑦ 13－9＝□　⑧ 15－7＝□

⑨ 11－4＝□　⑩ 14－9＝□

⑪ 15－8＝□　⑫ 13－6＝□

⑬ 11－2＝□　⑭ 12－4＝□

⑮ 13－8＝□　⑯ 11－5＝□

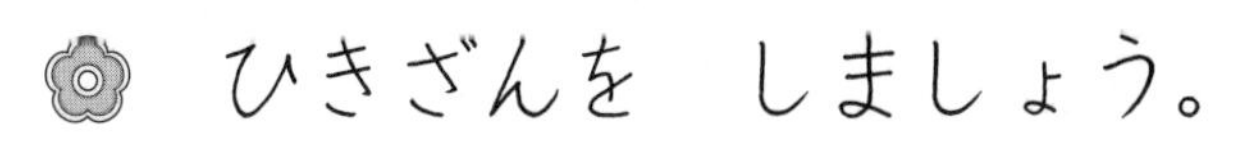

なまえ

ひきざん を　しましょう。

① $16-7=$ □　　② $12-9=$ □

③ $14-5=$ □　　④ $16-8=$ □

⑤ $11-3=$ □　　⑥ $17-8=$ □

⑦ $15-6=$ □　　⑧ $17-9=$ □

⑨ $14-6=$ □　　⑩ $11-8=$ □

⑪ $12-7=$ □　　⑫ $18-9=$ □

⑬ $13-7=$ □　　⑭ $16-9=$ □

⑮ $12-5=$ □　　⑯ $14-8=$ □

13 ひきざん ⑨

ひきざんを　しましょう。

① $14-6=\square$　② $16-7=\square$

③ $11-4=\square$　④ $14-7=\square$

⑤ $11-9=\square$　⑥ $14-5=\square$

⑦ $12-9=\square$　⑧ $11-8=\square$

⑨ $14-9=\square$　⑩ $11-5=\square$

⑪ $12-8=\square$　⑫ $13-5=\square$

⑬ $15-8=\square$　⑭ $11-3=\square$

⑮ $18-9=\square$　⑯ $13-7=\square$

13 ひきざん ⑩

なまえ

1 ジュースが 12ほん あります。
9ほん のみました。
ジュースは なんぼん のこって いますか。

しき

こたえ ぼん

2 がようしが 13まい あります。
7まい つかいました。
のこりは なんまいに なりましたか。

しき

こたえ まい

3 こうえんで こどもが 14にん あそんでいます。
8にん かえりました。
のこりは なんにんに なりましたか。

しき

こたえ にん

14 せいりしよう ①

なまえ

わかりやすく　せいりします。
それぞれの　かずだけ　いろを　ぬりましょう。

① いちばん　おおい　ものは　どれですか。

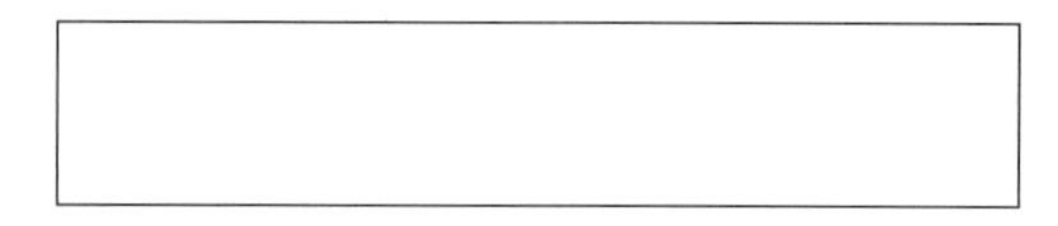

② いちばん　すくない　ものは　どれですか。

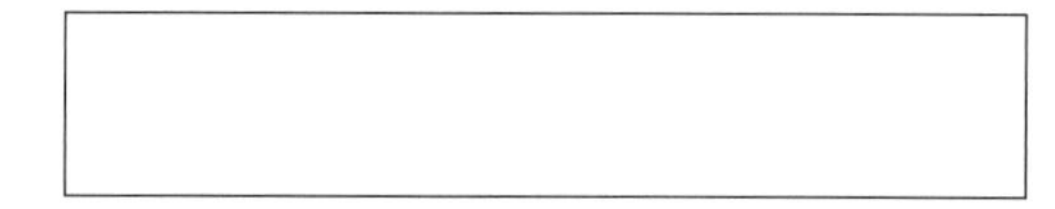

③ おなじ　かずの　ものは　どれと　どれですか。

④ ダイヤの　かずは　いくつですか。

こ

14 せいりしよう ②

なまえ

もようの　しゅるいを　わかりやすく　せいりしましょう。それぞれの　かずだけ　いろを　ぬりましょう。

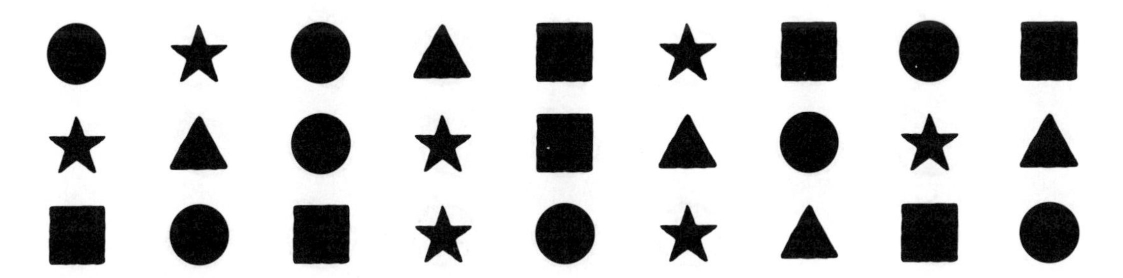

① いちばん　おおい　ものは　どれですか。

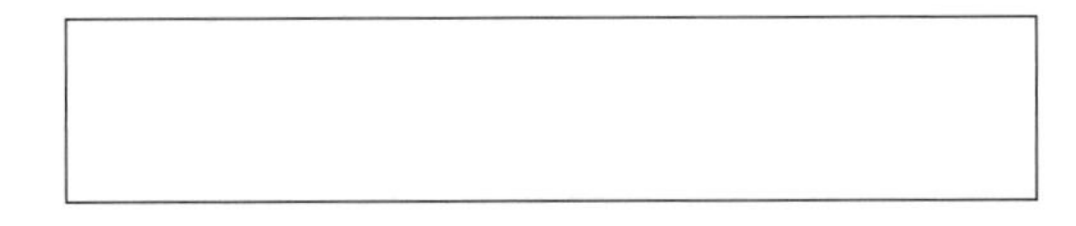

② いちばん　すくない　ものは　どれですか。

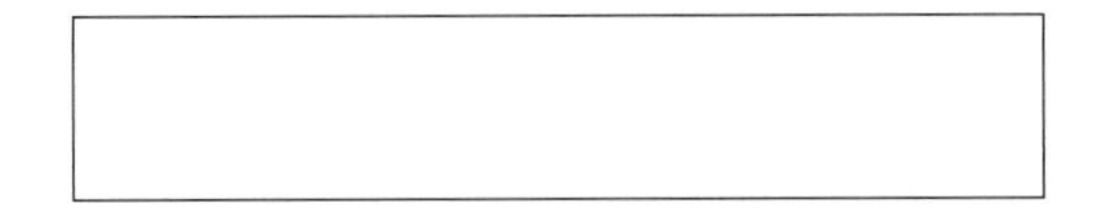

③ おなじ　かずの　ものは　どれと　どれですか。

④ さんかくの　かずは　いくつですか。

こ

○	☆	△	□
○	☆	△	□
●	☆	△	□
●	★	△	■
●	★	△	■
●	★	▲	■
●	★	▲	■
●	★	▲	■
●	★	▲	■
●	★	▲	■
●まる	★ほし	▲さんかく	■しかく

14 せいりしよう ③

なまえ

✿ もようの　しゅるいを　わかりやすく　せいりしましょう。それぞれの　かずだけ　いろを　ぬりましょう。

① いちばん　おおい　ものは　どれですか。

② いちばん　すくない　ものは　どれですか。

③ おなじ　かずの　ものは　どれと　どれですか。

④ くりの　かずは　いくつですか。

こ

○	○	○	○
○	○	○	○
○	○	○	○
○	○	○	○
○	○	○	○
●	○	○	○
●	○	○	○
●	○	○	○
●	○	○	○
●	○	○	○
いちご	りんご	みかん	くり

14 せいりしよう ④

なまえ

もようの　しゅるいを　わかりやすく　せいりしましょう。それぞれの　かずだけ　いろを　ぬりましょう。

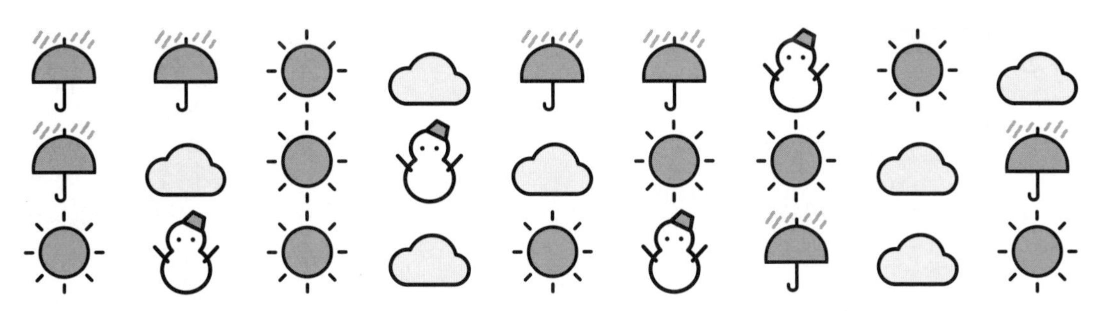

① いちばん　おおい　ものは　どれですか。

② いちばん　すくない　ものは　どれですか。

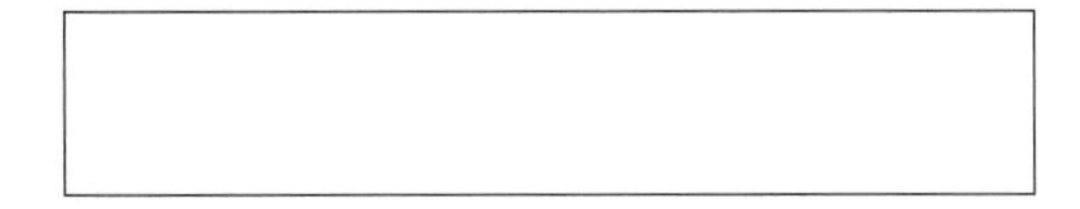

③ おなじ　かずの　ものは　どれと　どれですか。

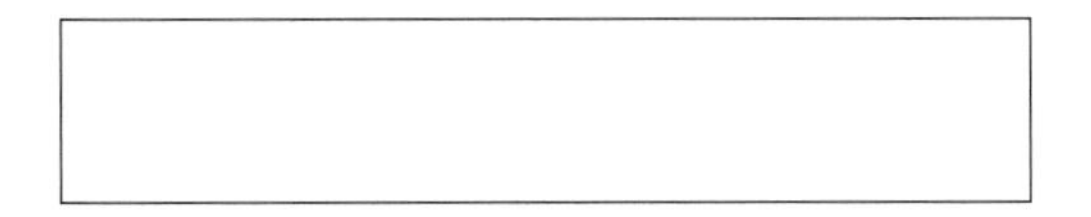

④ はれの　かずは　いくつですか。

　　　　　　　　こ

○	○	○	○
●	○	○	○
●	○	○	○
●	○	○	○
●	○	○	○
●	○	○	○
●	○	○	○
●	○	○	○
●	○	○	○
●	○	○	○
はれ	くもり	あめ	ゆき

15 どちらがひろい ①

なまえ

1 どちらが　ひろいですか。ひろい　ほうに　○を　つけましょう。

①

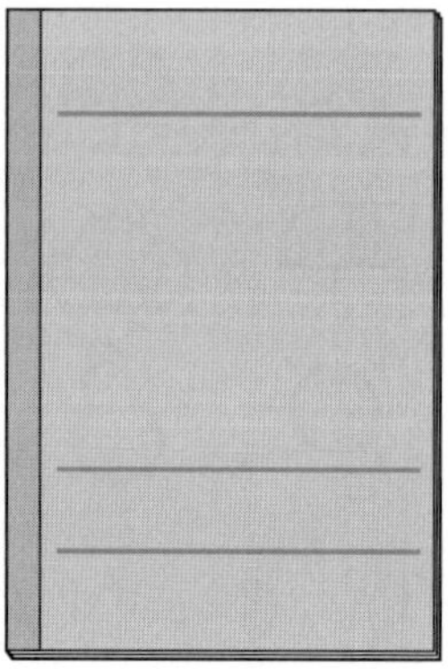

②

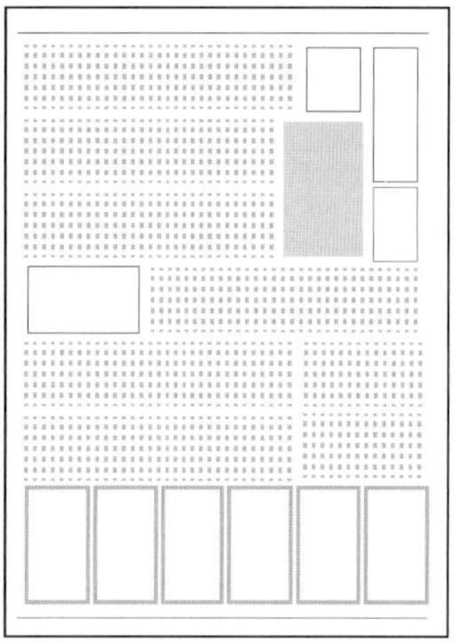

2 ひろい　じゅんに　ばんごうを　かきましょう。

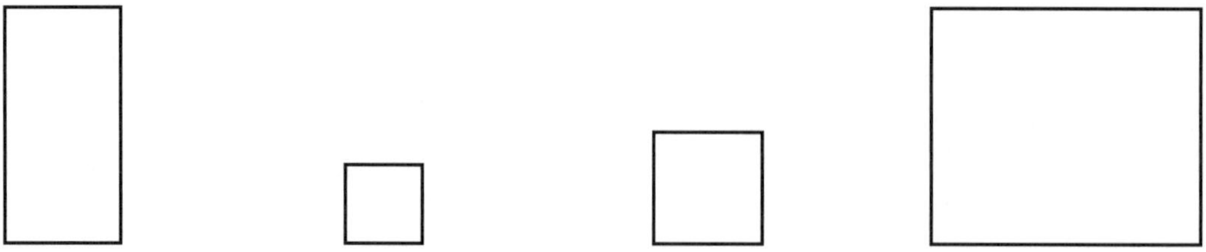

15 どちらがひろい ②

なまえ

1 どちらが ひろいですか。ひろい ほうに ○を つけましょう。

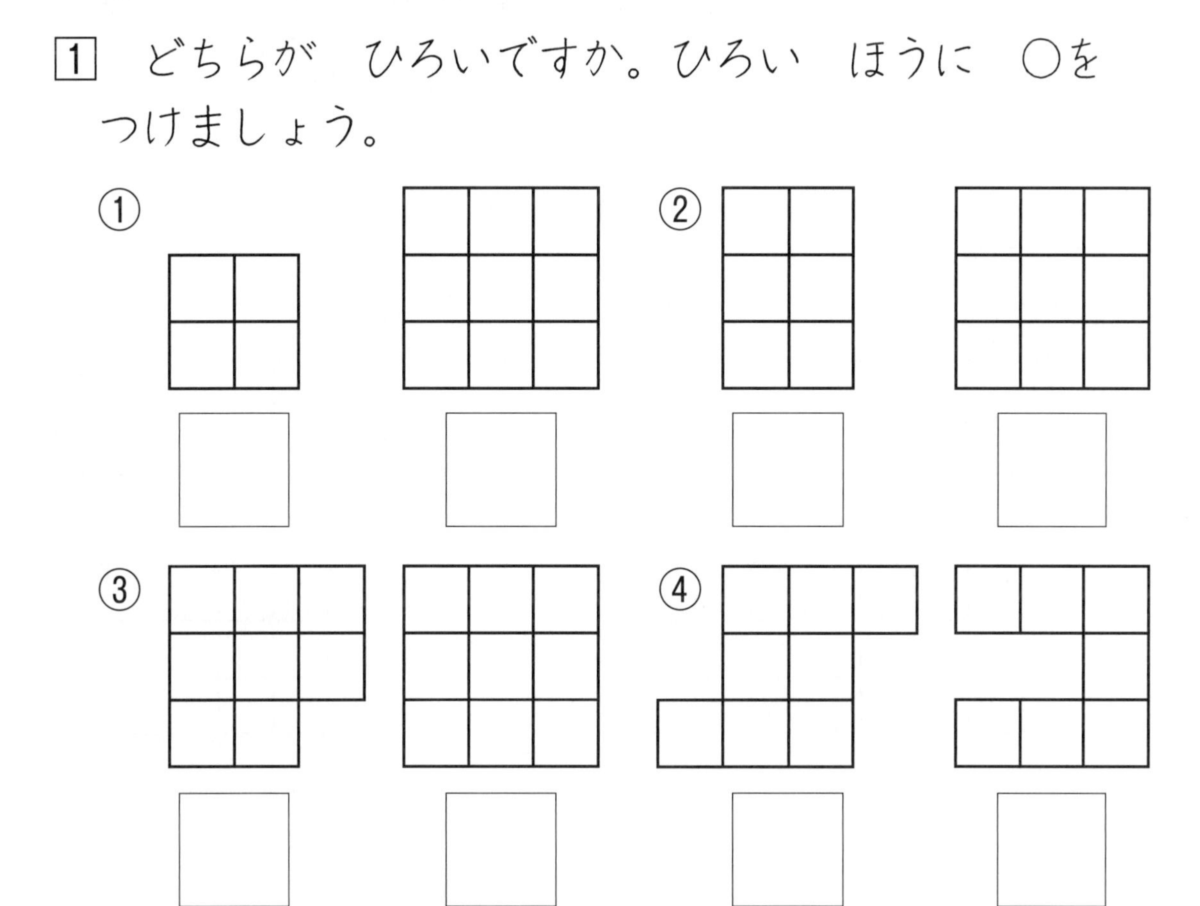

2 ひろい じゅんに ばんごうを かきましょう。

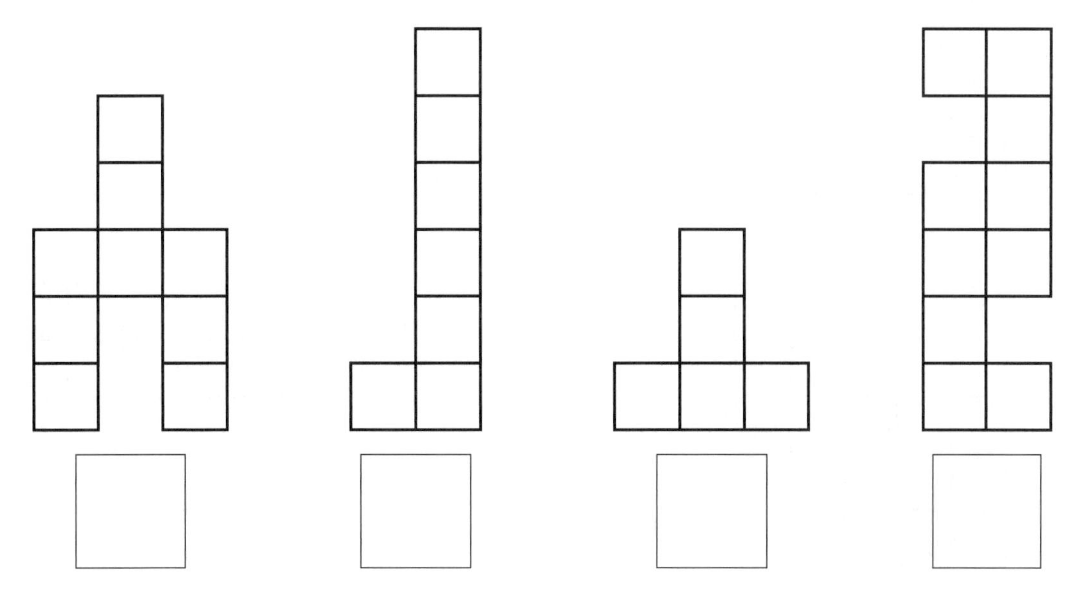

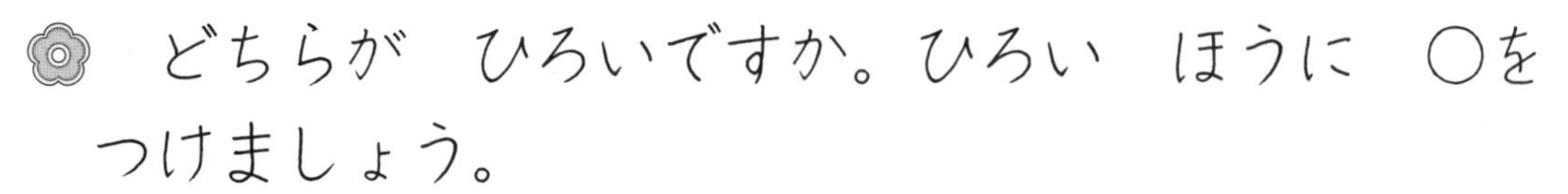

どちらが　ひろいですか。ひろい　ほうに　○を
つけましょう。

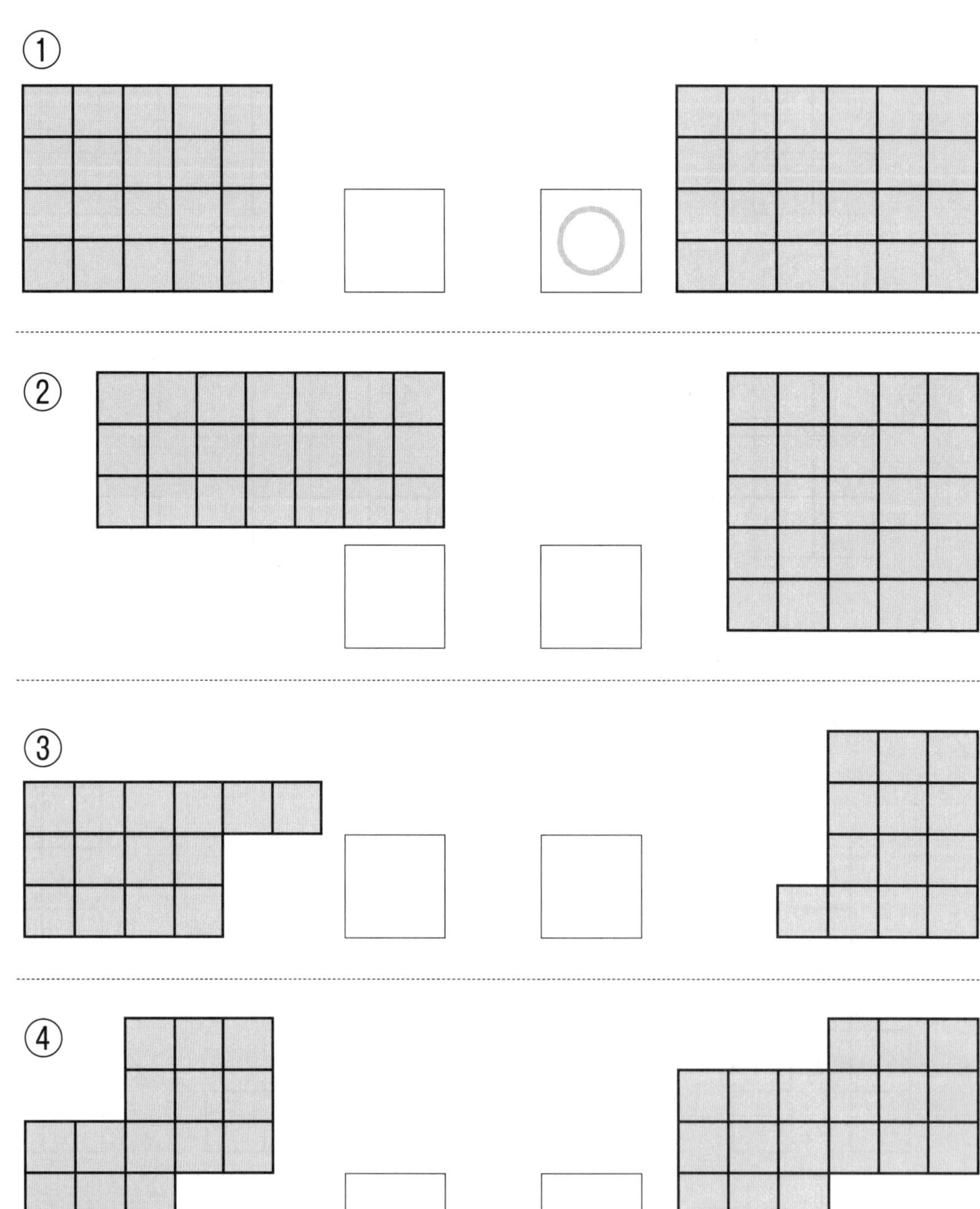

15 どちらがひろい ④

なまえ

ひろい　じゅんに　ばんごうを　かきましょう。

①

②

③

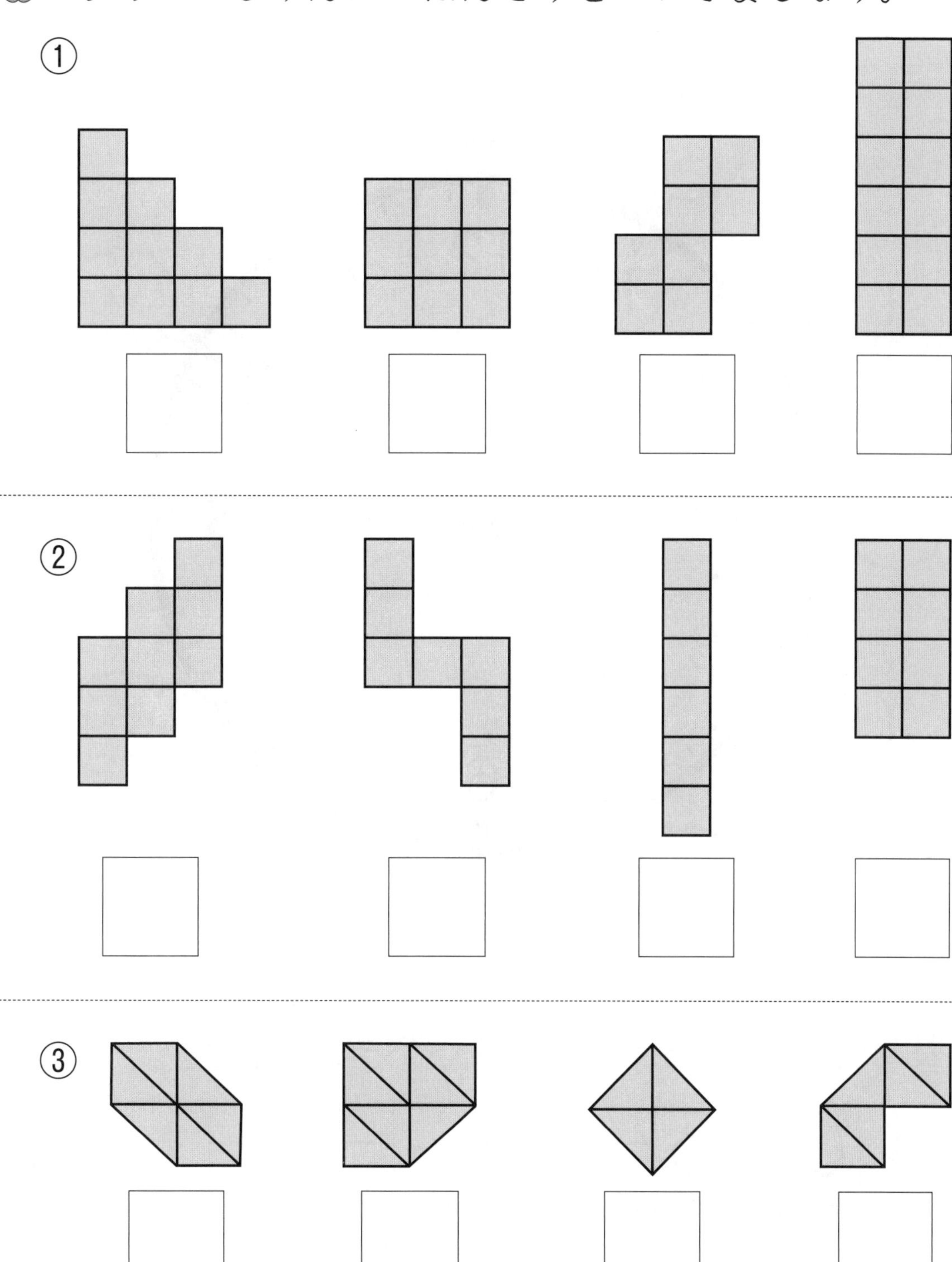

16 なんじなんぷん ①

なまえ

1 なんぷんに　なりますか。すうじを　かきましょう。

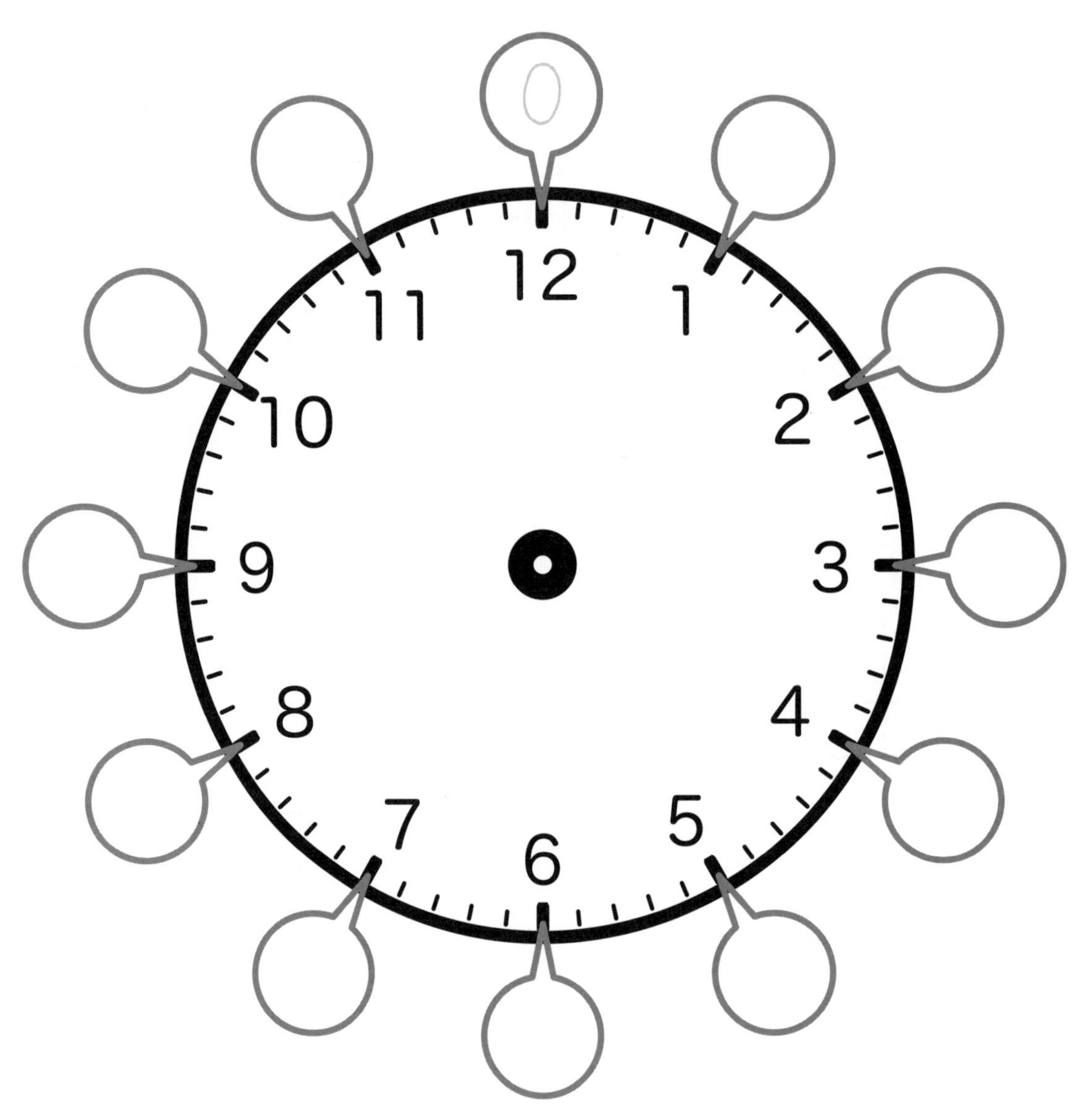

2 □に　はいる　すうじを　かきましょう。

① 0 ― 5 ― □ ― □ ― □ ― □ ― 30

② 25 ― □ ― 35 ― □ ― □ ― □ ― 55

16 なんじなんぷん ②

なまえ

なんぷんですか。

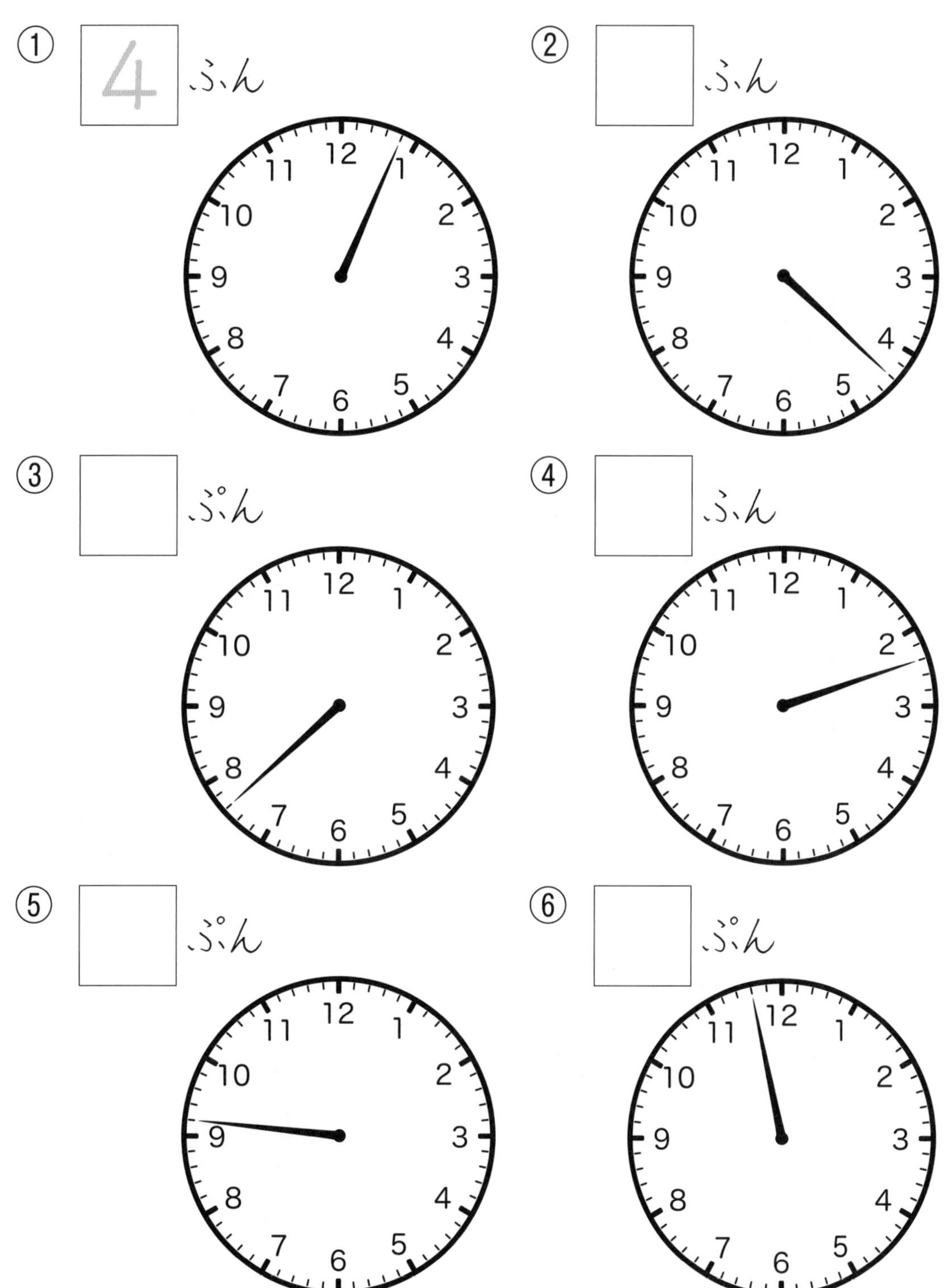

なんじなんぷん ③

なんぷんの　はりを　かきましょう。

① 2 ふん

② 13 ぷん

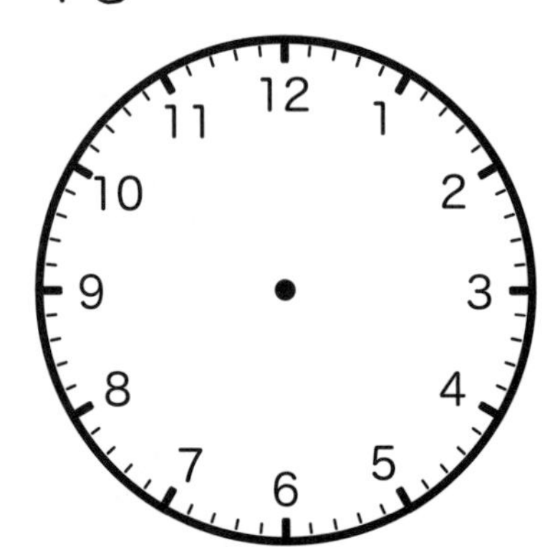

③ 18 ぷん

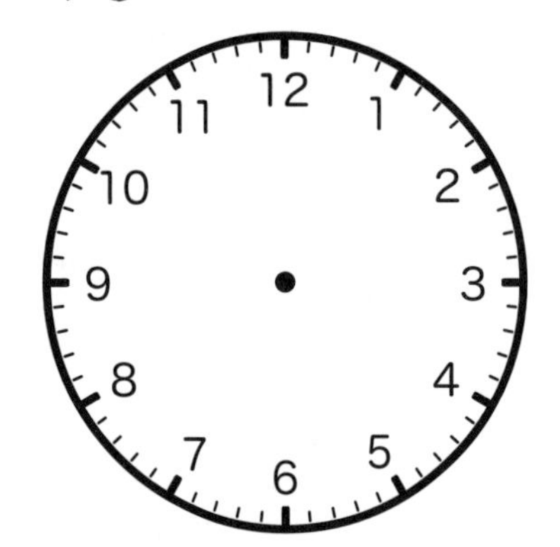

④ 32 ふん

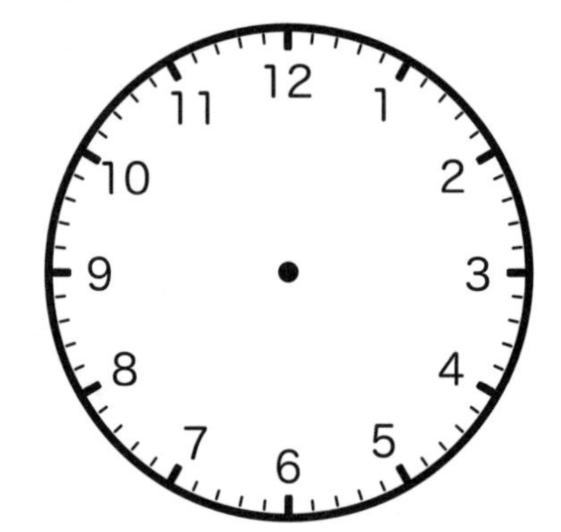

⑤ 44 ふん

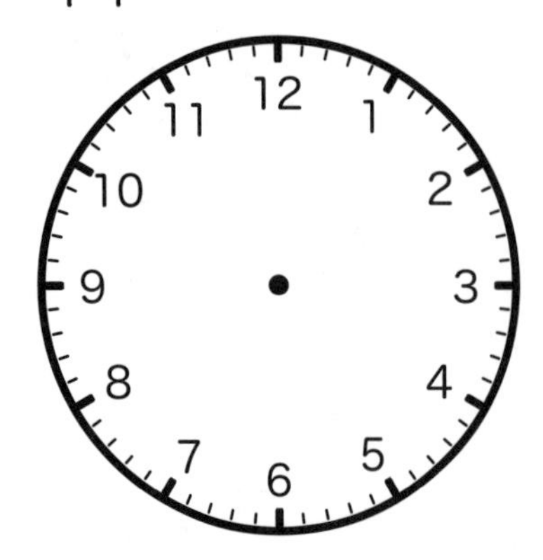

⑥ 56 ぷん

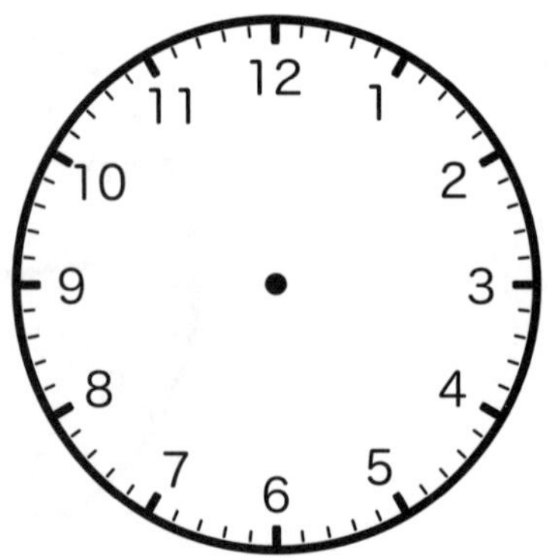

なんじ　なんぷんですか。

①

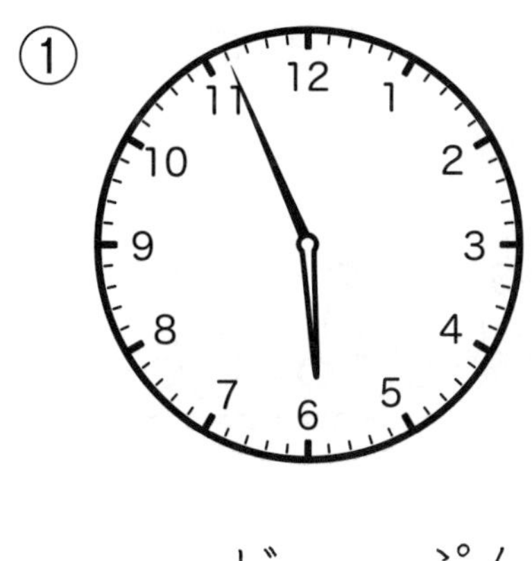

じ　　ぷん

②

③

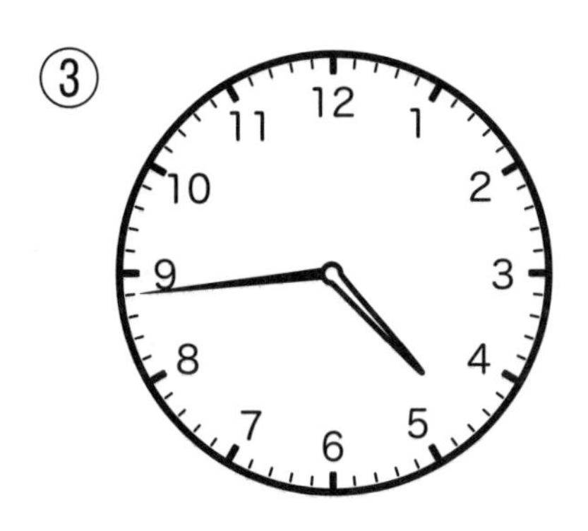

④

⑤

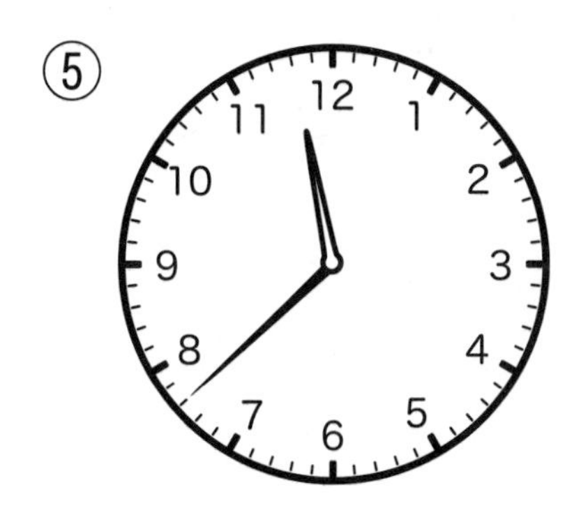

⑥

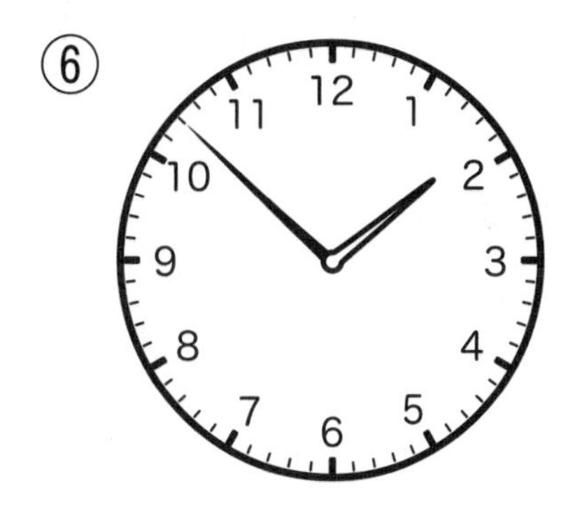

17 ずをつかってかんがえよう ①

なまえ

1 うさちゃんは、まえから　5ばんめに　います。
うさちゃんの　うしろに　3びき　います。
みんなで　なんびき　いますか。

ずの　□を　うめましょう。

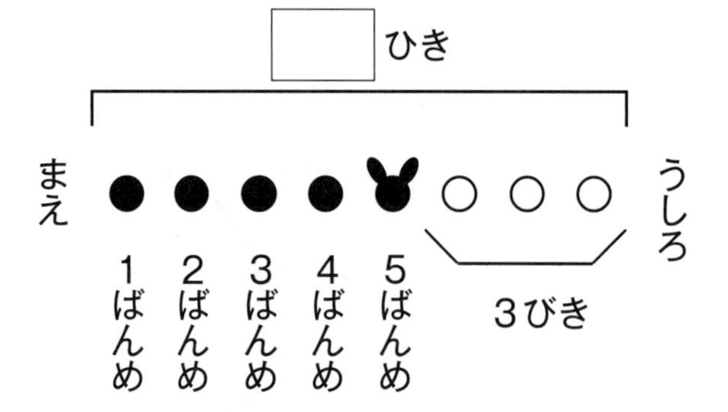

しき

こたえ　　　ひき

2 メイさんは　まえから　6ばんめです。メイさんの
うしろに　3にん　います。みんなで　なんにん　い
ますか。

しき

こたえ　　　にん

17 ずをつかって かんがえよう ②

なまえ

1　12ひきの　れつが　あります。
うさちゃんは　まえから　5ばんめに　います。
うさちゃんの　うしろには　なんびき　いますか。

ずの　□を　うめましょう。

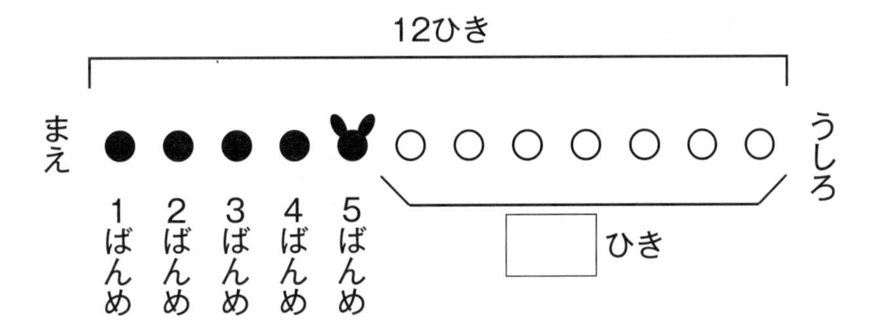

しき

こたえ　　　ひき

2　8にんの　れつが　あります。サムさんは　まえから　3ばんめに　います。サムさんの　うしろには　なんにん　いますか。

しき

こたえ　　　にん

17 ずをつかってかんがえよう ③

なまえ

1 5にんが、じてんしゃに　のっています。
じてんしゃは　あと、3だい　あります。
じてんしゃは　ぜんぶで　なんだい　ありますか。
ずの　□を　うめましょう。また、せんで　▲と●をむすびましょう。

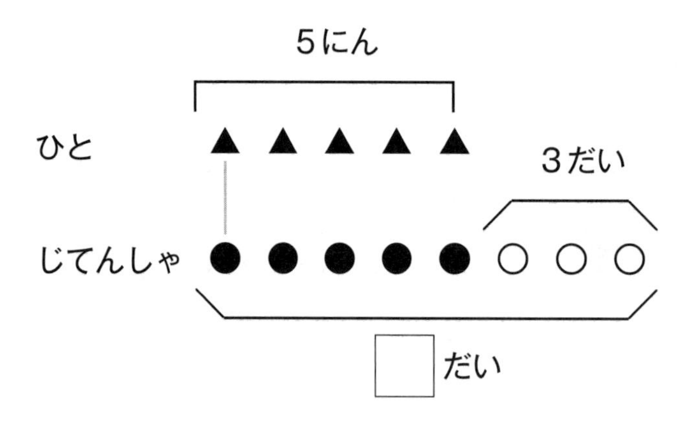

しき

こたえ　　だい

2 6にんが　ひとり　1つずつ　いすに　すわっています。　いすは　あと　3つ　あります。　いすは　ぜんぶで　いくつ　ありますか。

しき

こたえ　　つ

17 ずをつかって かんがえよう ④

なまえ

1 ケーキが　6こ　あります。
4にんが　1こずつ　たべました。
ケーキは　なんこ　のこって　いますか。
ずの　□を　うめましょう。また、せんで　▲と●をむすびましょう。

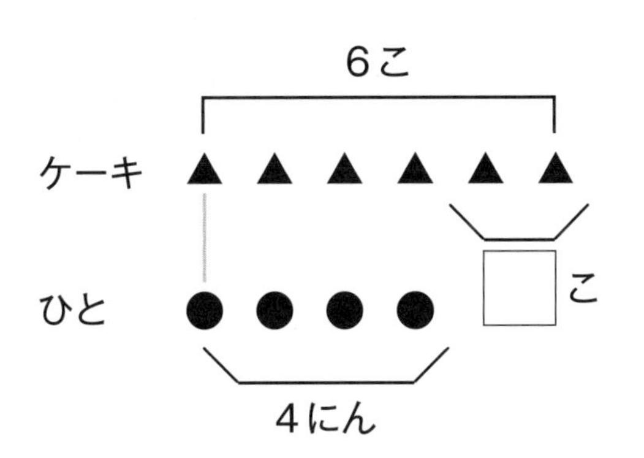

しき

こたえ　　　　こ

2 プリンを　7こ　かいました。3にんが　1こずつ　たべました。プリンは　なんこ　のこって　いますか。

しき

こたえ　　　　こ

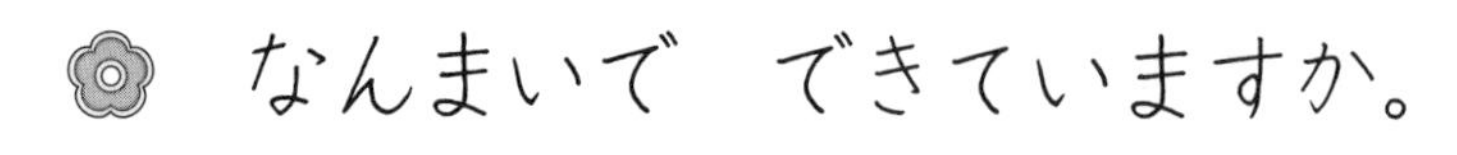

18 かたちづくり ①

なまえ

なんまいで　できていますか。

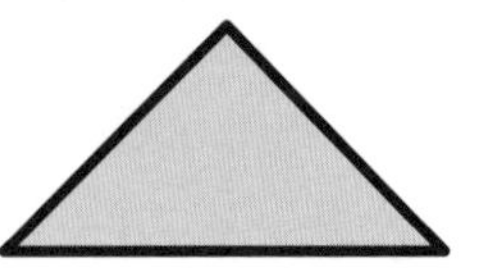

①

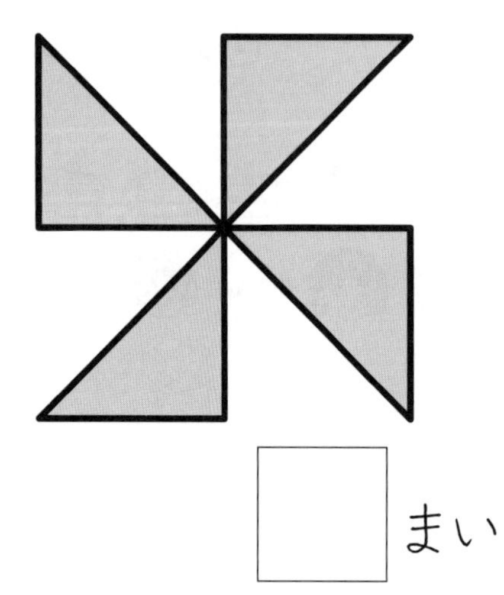

□ まい

②

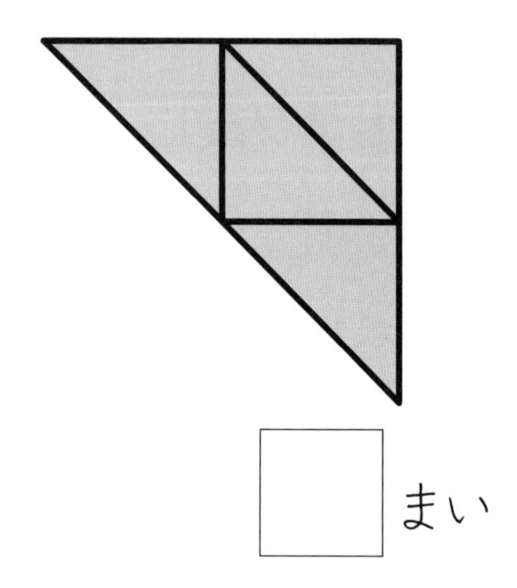

□ まい

③

□ まい

④

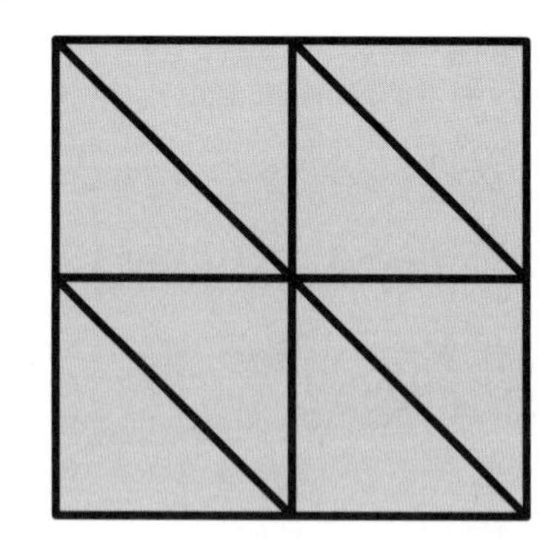

□ まい

18 かたちづくり ②

なまえ

4まいを　どのように　くみあわせて　できていますか。せんを ひきましょう。

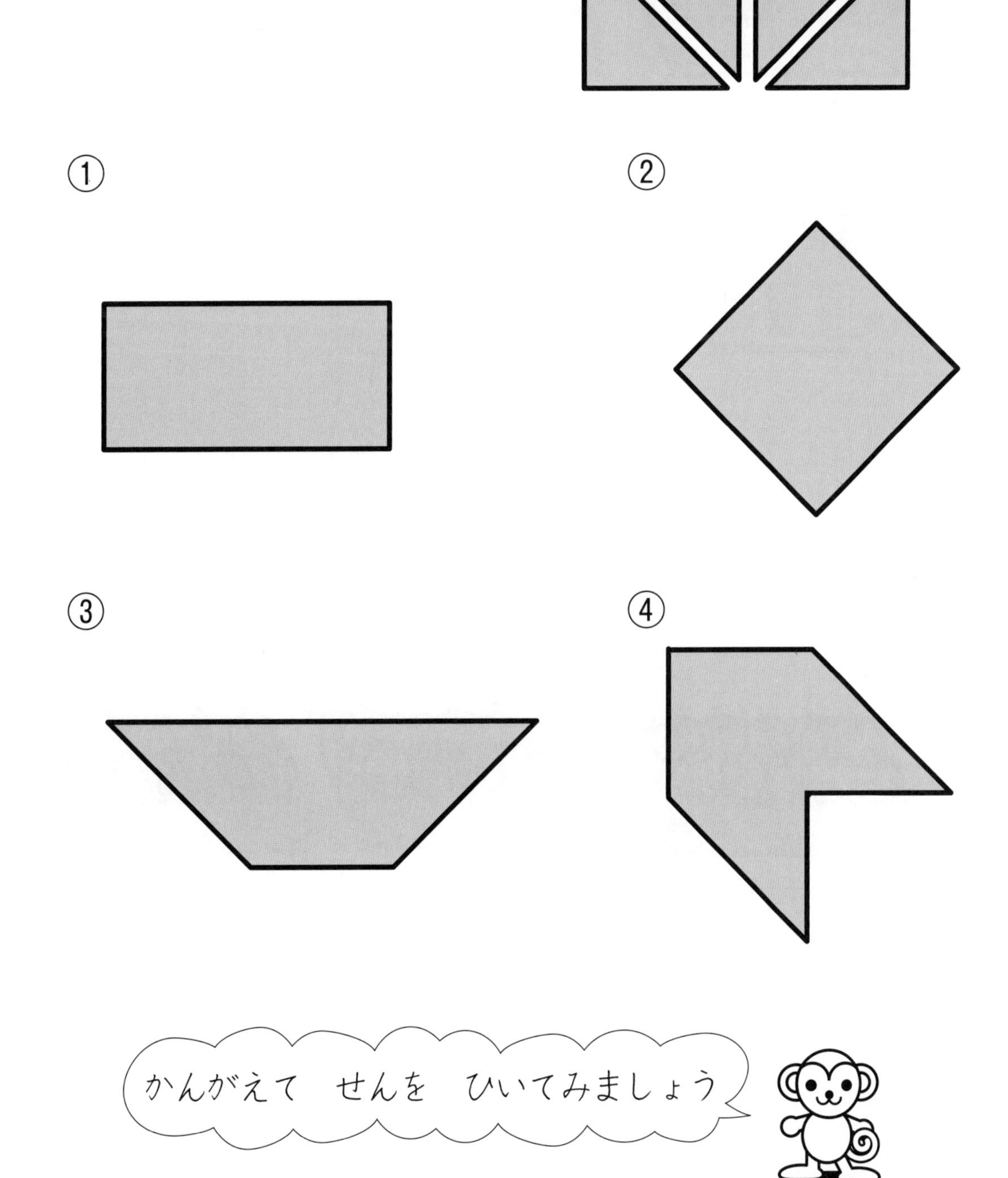

19 20よりおおきいかず ①

□に　かずを　かきましょう。

①

[10]こ　[10]こ　[6]こ

[10]が [2]こ　で [　]

[　]と [　]で [　]

②

[　]こ　[　]こ　[　]こ

[　]が [　]こ　で [　]

20よりおおきいかず ②

なまえ

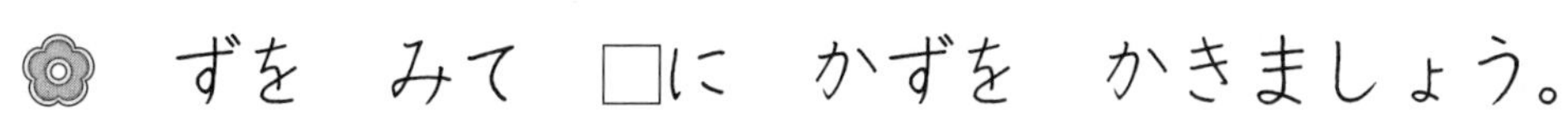

ずを　みて　□に　かずを　かきましょう。

①

十のくらい	一のくらい
2	5

②

十のくらい	一のくらい

③

十のくらい	一のくらい

④

十のくらい	一のくらい

19 20よりおおきいかず ③

1 かずを　かぞえましょう。

2 かずを　かぞえましょう。

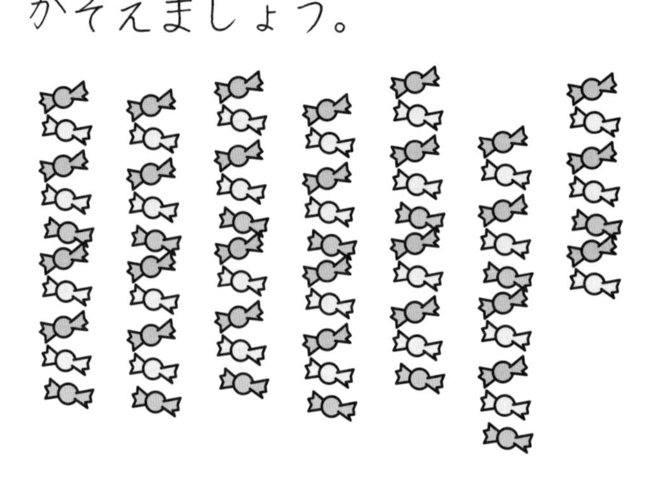

3 かずを　かぞえましょう。

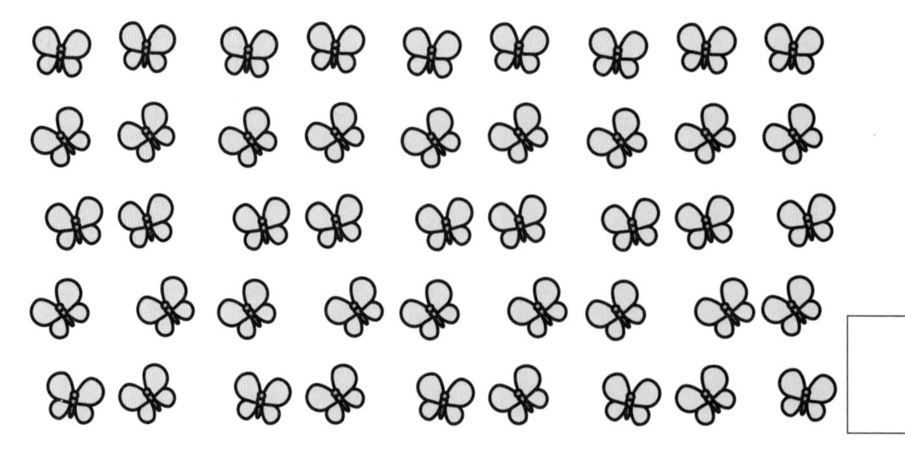

19 20よりおおきいかず ④

1 □に　かずを　かきましょう。

① 十のくらいが　3、一のくらいが　8の

かず　は □

② 十のくらいが　5、一のくらいが　9の

かず　は □

③ 十のくらいが　8、一のくらいが　4の

かず　は □

2 □に　すうじを　かきましょう。

① 73の　十のくらいの　すうじは □,

一のくらいの　すうじは □

② 85の　十のくらいの　すうじは □,

一のくらいの　すうじは □

③ 90の　十のくらいの　すうじは □,

一のくらいの　すうじは □

20よりおおきいかず ⑤

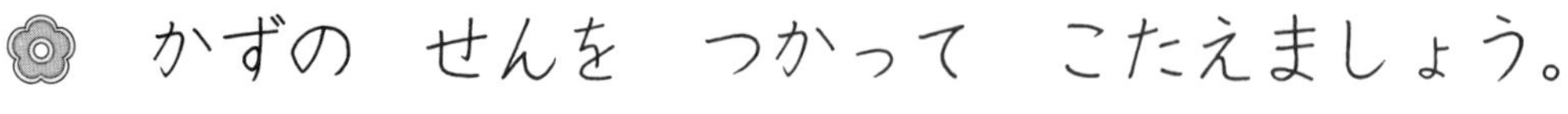

かずの　せんを　つかって　こたえましょう。

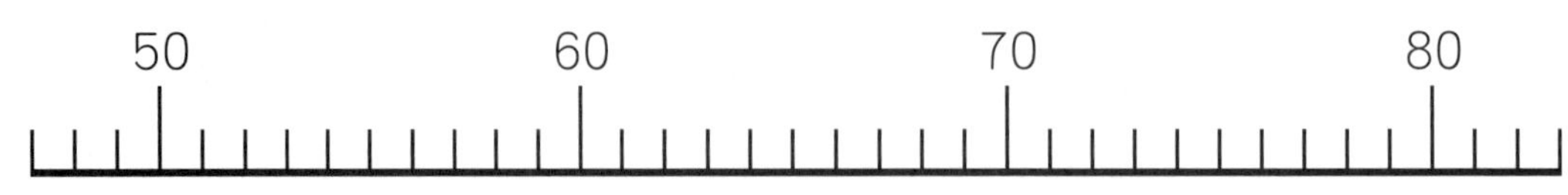

① おおきい　ほうに　○を　つけましょう。

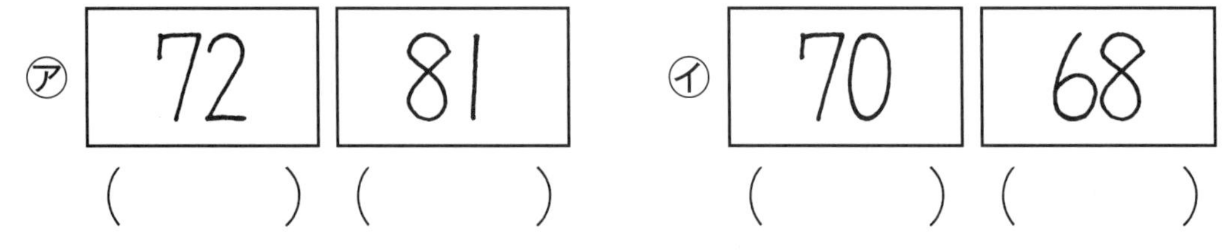

㋐	72	81
	(　　)	(　　)
㋑	70	68
	(　　)	(　　)
㋒	65	55
	(　　)	(　　)
㋓	78	83
	(　　)	(　　)

② □に　はいる　かずを　かきましょう。

㋐	68	69	□	71	□
㋑	20	□	40	50	□
㋒	5	10	□	20	□
㋓	16	18	□	□	24

20よりおおきいかず ⑥

1 □に　かずを　かきましょう。

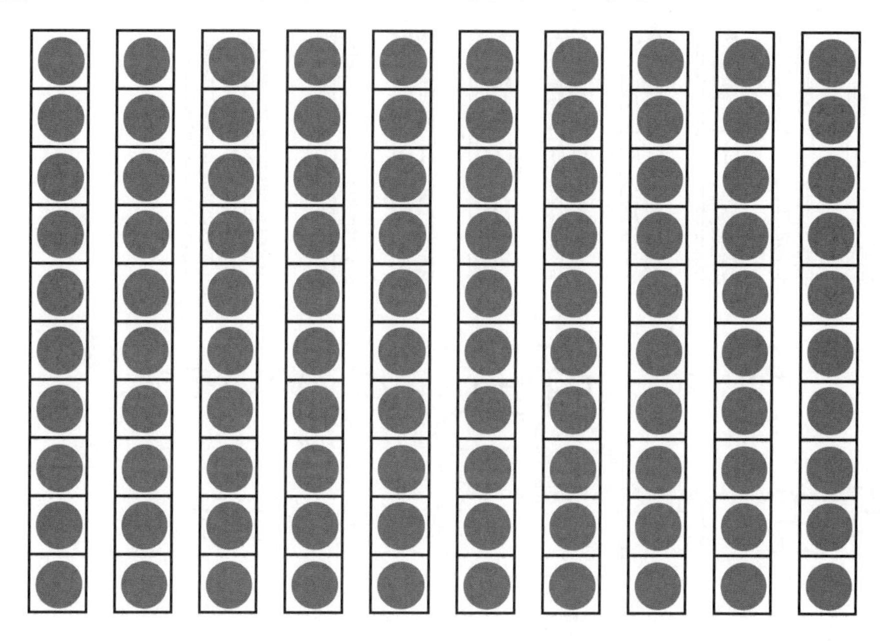

10が □ こで 百と　いいます。

百は □ と　かきます。

100は99より □ おおきい　かずです。

2 かぞえましょう。

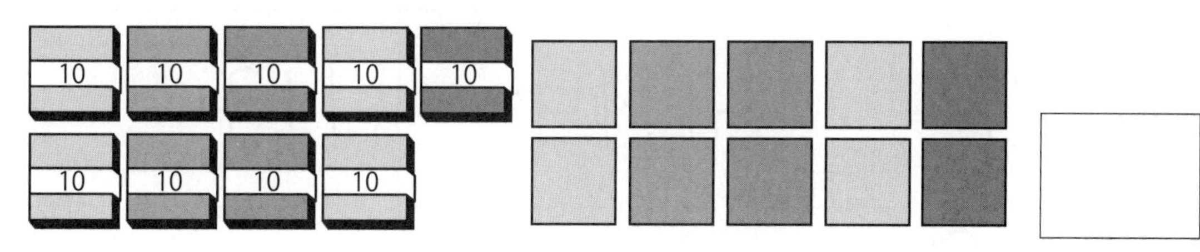

19 20よりおおきいかず ⑦

なまえ

1 かずを かぞえましょう。

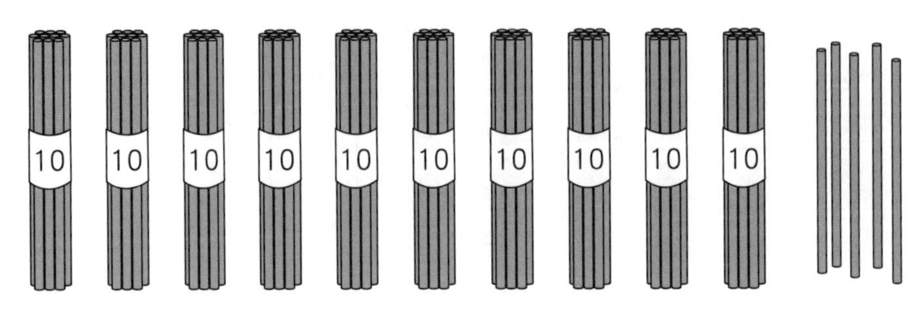

100 と 5 で 百五 と いいます。

百五 は □ と かきます。

2 かぞえましょう。

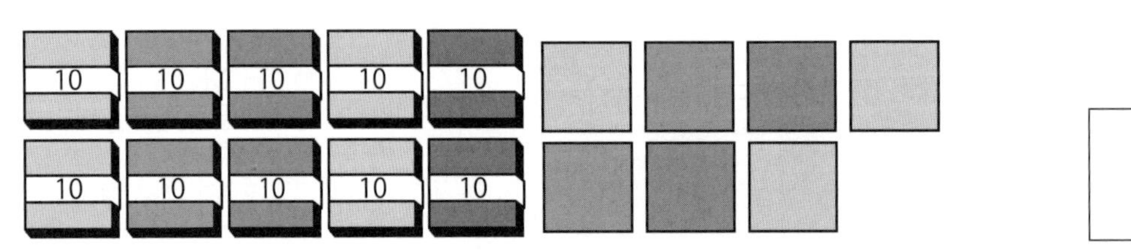

□

3 □に はいる かずを かきましょう。

① 98 − 99 − □ − □ − 102 − □ −

② 109 − □ − 111 − □ − 113 − □ −

③ 118 − □ − □ − 121 − □ − □ −

19 20よりおおきいかず ⑧

けいさんを　しましょう。

① $50+20=\square$

② $30+40=\square$

③ $60+10=\square$

④ $80+20=\square$

⑤ $55+3=\square$

⑥ $24+4=\square$

⑦ $54+3=\square$

⑧ $75+2=\square$

19 20よりおおきいかず ⑨

けいさんを　しましょう。

① 50－20＝□

② 80－40＝□

③ 90－30＝□

④ 60－10＝□

⑤ 55－2＝□

⑥ 85－4＝□

⑦ 97－6＝□

⑧ 78－3＝□

小学1年生　こたえ

〔p. 4〕 **1** なかまづくりとかず ①

1　①，③

3　1，

●	○	○	○	○
○	○	○	○	○

4

○				

〔p. 5〕 **1** なかまづくりとかず ②

1　①，③

3　2，

●	●	○	○	○
○	○	○	○	○

4

○	○			

〔p. 6〕 **1** なかまづくりとかず ③

1　②，③

3　3，

●	●	●	○	○
○	○	○	○	○

4

○	○	○		

〔p. 7〕 **1** なかまづくりとかず ④

1　①，③

3　4，

●	●	●	●	○
○	○	○	○	○

4

○	○	○	○	

〔p. 8〕 **1** なかまづくりとかず ⑤

1　①，②

3　5，

●	●	●	●	●
○	○	○	○	○

4

○	○	○	○	○

〔p. 9〕 **1** なかまづくりとかず ⑥

1　①，③

3　6，

●	●	●	●	●
●	○	○	○	○

4

○	○	○	○	○
○				

〔p. 10〕 **1** なかまづくりとかず ⑦

1　②，③

3　7，

●	●	●	●	●
●	●	○	○	○

4

○	○	○	○	○
○	○			

〔p. 11〕 **1** なかまづくりとかず ⑧

1　①，③

3　8，

●	●	●	●	●
●	●	●	○	○

4

○	○	○	○	○
○	○	○		

〔p. 12〕 **1** なかまづくりとかず ⑨

1　①，③

3　9，

●	●	●	●	●
●	●	●	●	○

4

○	○	○	○	○
○	○	○	○	

〔p. 13〕 **1** なかまづくりとかず ⑩

1　①，③

3　10，

●	●	●	●	●
●	●	●	●	●

4

○	○	○	○	○
○	○	○	○	○

〔p. 14〕 **1** なかまづくりとかず ⑪

✿ ① 3　② 2
③ 5　④ 4
⑤ 8　⑥ 6

〔p. 15〕 **1** なかまづくりとかず ⑫

✿ ① 5　② 9
③ 1　④ 7
⑤ 10　⑥ 3

〔p. 16〕 **1** なかまづくりとかず ⑬

✿
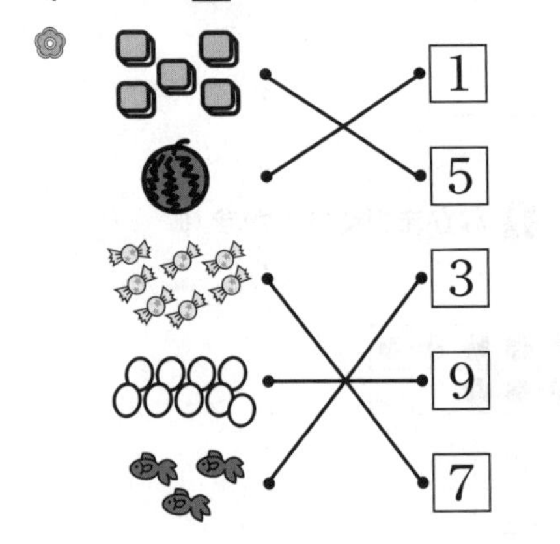

〔p. 17〕 **1** なかまづくりとかず ⑭

✿
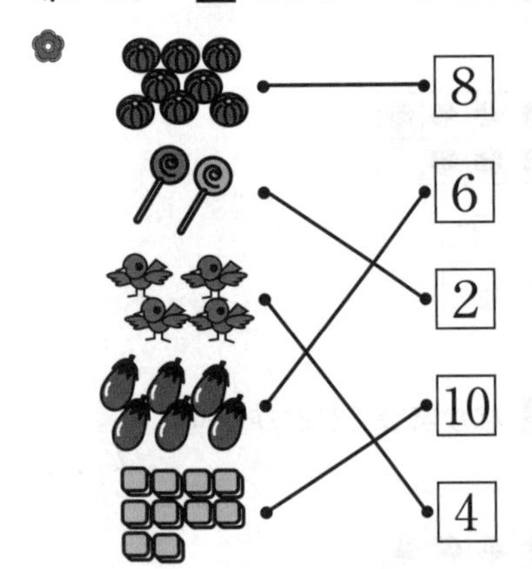

〔p. 18〕 **1** なかまづくりとかず ⑮

1 ①
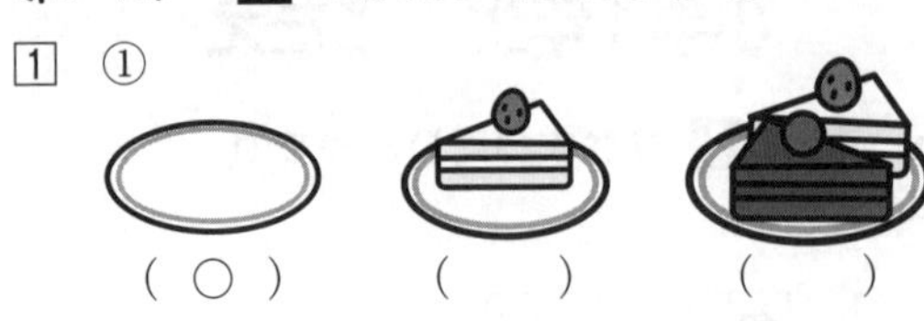

②
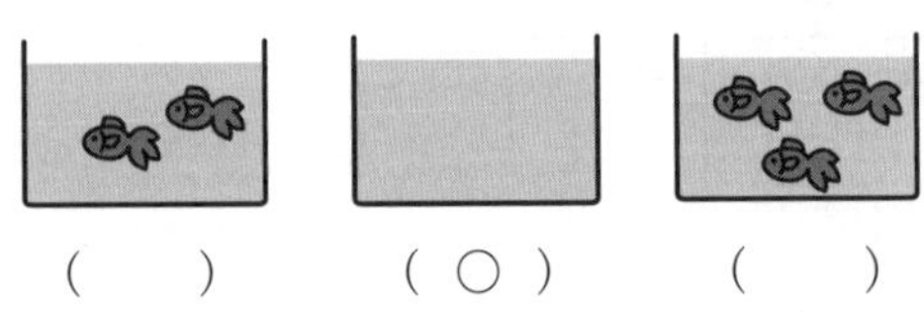

3 ① 3　② 2　③ 0　④ 1

〔p. 19〕 **1** なかまづくりとかず ⑯

✿ ① 3，2，0
② 2，0，1
③ 4，2，0
④ 3，0，1

〔p. 20〕 **1** なかまづくりとかず ⑰

✿ ① 3，6
② 5，6
③ 4，6
④ 5，6，8，9
⑤ 6，8，10
⑥ 3，5，7
⑦ 5，6，9，10

〔p. 21〕 **1** なかまづくりとかず ⑱

✿ ① 8，5
② 7，5
③ 6，5
④ 9，7，5
⑤ 4，3，2
⑥ 7，5，4，2
⑦ 10，8，6

〔p. 22〕 **2** なんばんめ ①

〔p. 23〕 **2** なんばんめ ②

①

②

③

④

〔p. 24〕 **2** なんばんめ ③

①

②

③

④

〔p. 25〕 **2** なんばんめ ④

① ② ③

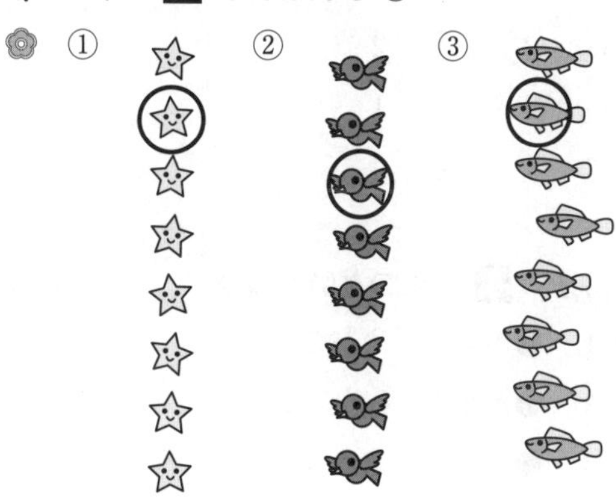

〔p. 26〕 **2** なんばんめ ⑤

① 5, 2
② 3, 4
③ 2, 5
④ 4, 3

〔p. 27〕 **2** なんばんめ ⑥

① 2, 5
② 3, 4
③ 5, 2
④ 4, 3
⑤ 1, 6

〔p. 28〕 **3** いくつといくつ ①

1 ① ●が１こ, ○が３こ
② ●が２こ, ○が２こ
③ ●が３こ, ○が１こ

2 ① 3 ② 1
③ 2 ④ 2
⑤ 1 ⑥ 3

〔p. 29〕 **3** いくつといくつ ②

1 ① ●が１こ, ○が４こ
② ●が２こ, ○が３こ
③ ●が３こ, ○が２こ
④ ●が４こ, ○が１こ

2 ① 2 ② 3
③ 3 ④ 2
⑤ 4 ⑥ 1
⑦ 1 ⑧ 4

〔p. 30〕 **3** いくつといくつ ③

1 ① ●が１こ，○が５こ
② ●が２こ，○が４こ
③ ●が３こ，○が３こ
④ ●が４こ，○が２こ
⑤ ●が５こ，○が１こ

2 ① 5 ② 2
③ 3 ④ 4
⑤ 4 ⑥ 3
⑦ 2 ⑧ 5

〔p. 31〕 **3** いくつといくつ ④

1 ① ●が１こ，○が６こ
② ●が２こ，○が５こ
③ ●が３こ，○が４こ
④ ●が４こ，○が３こ
⑤ ●が５こ，○が２こ
⑥ ●が６こ，○が１こ

2 ① 6，1，4
3，2，5
② 1，4，3
2，5，6

〔p. 32〕 **3** いくつといくつ ⑤

1 ① ●が１こ，○が７こ
② ●が２こ，○が６こ
③ ●が３こ，○が５こ
④ ●が４こ，○が４こ
⑤ ●が５こ，○が３こ
⑥ ●が６こ，○が２こ
⑦ ●が７こ，○が１こ

2 7，6，5
4，3，2
1

〔p. 33〕 **3** いくつといくつ ⑥

1 ① ●が１こ，○が８こ
② ●が２こ，○が７こ
③ ●が３こ，○が６こ
④ ●が４こ，○が５こ
⑤ ●が５こ，○が４こ
⑥ ●が６こ，○が３こ
⑦ ●が７こ，○が２こ
⑧ ●が８こ，○が１こ

2 8，7，6
5，4，3
2，1

〔p. 34〕 **3** いくつといくつ ⑦

① 3 ② 2 ③ 2
④ 4 ⑤ 1 ⑥ 4
⑦ 2 ⑧ 1 ⑨ 3
⑩ 3 ⑪ 5 ⑫ 3

〔p. 35〕 **3** いくつといくつ ⑧

① 4 ② 4 ③ 2
④ 2 ⑤ 3 ⑥ 5
⑦ 4 ⑧ 6 ⑨ 1
⑩ 3 ⑪ 2 ⑫ 5

〔p. 36〕 **3** いくつといくつ ⑨

① 4 ② 6 ③ 6
④ 7 ⑤ 1 ⑥ 2
⑦ 7 ⑧ 6 ⑨ 5
⑩ 3 ⑪ 4 ⑫ 5

キリトリ
キリトリ
キリトリ

〔p. 37〕 **3** いくつといくつ ⑩

1 ① ●が１こ，○が９こ
② ●が２こ，○が８こ
③ ●が３こ，○が７こ
④ ●が４こ，○が６こ
⑤ ●が５こ，○が５こ
⑥ ●が６こ，○が４こ
⑦ ●が７こ，○が３こ
⑧ ●が８こ，○が２こ
⑨ ●が９こ，○が１こ

〔p. 38〕 **3** いくつといくつ ⑪

1 ① 9 ② 7
③ 4 ④ 3
⑤ 5 ⑥ 2
⑦ 8 ⑧ 1
⑨ 6

2 ① 8 ② 5
③ 1 ④ 2
⑤ 7 ⑥ 6

〔p. 39〕 **3** いくつといくつ ⑫

✿ ① 8 ② 4 ③ 1
④ 10 ⑤ 3 ⑥ 4
⑦ 10 ⑧ 2 ⑨ 10
⑩ 6 ⑪ 7 ⑫ 5

〔p. 40〕 **4** 10までのたしざん ①

✿ ① 3
② 4
③ 5

〔p. 41〕 **4** 10までのたしざん ②

✿ ① 2 + 3 = 5 　5こ
② 1 + 2 = 3 　3だい
③ 2 + 2 = 4 　4ひき

〔p. 42〕 **4** 10までのたしざん ③

✿ ① 4，4
② 3，3
③ 5，5

〔p. 43〕 **4** 10までのたしざん ④

✿ ① 5 + 3 = 8 　8こ
② 1 + 5 = 6 　6だい
③ 5 + 2 = 7 　7こ

〔p. 44〕 **4** 10までのたしざん ⑤

✿ ① 10 ② 7
③ 6 ④ 6
⑤ 2 ⑥ 7
⑦ 5 ⑧ 10
⑨ 4 ⑩ 3
⑪ 5 ⑫ 5
⑬ 9 ⑭ 8
⑮ 3

〔p. 45〕 **4** 10までのたしざん ⑥

✿ ① 9 ② 8
③ 7 ④ 10
⑤ 10 ⑥ 9
⑦ 7 ⑧ 6
⑨ 8 ⑩ 8
⑪ 9 ⑫ 7
⑬ 8 ⑭ 10
⑮ 10

〔p. 46〕 **4** 10までのたしざん ⑦

✿ ① 10 ② 8
③ 6 ④ 5
⑤ 6 ⑥ 4
⑦ 9 ⑧ 7
⑨ 9 ⑩ 9
⑪ 4 ⑫ 8

⑬ 10　⑭ 10

⑮ 9

〔p. 47〕 **4** 10までのたしざん ⑧

1 ① 4 + 0 = 4　4ひき

② 0 + 3 = 3　3こ

2 ① 5　② 6

③ 8　④ 7

〔p. 48〕 **5** 10までのひきざん ①

✿ ① 3

② 3

③ 1

〔p. 49〕 **5** 10までのひきざん ②

✿ ① 5 − 3 = 2　2こ

② 4 − 2 = 2　2こ

③ 5 − 2 = 3　3こ

〔p. 50〕 **5** 10までのひきざん ③

1 8 − 5 = 3　3ぼん

2 5 − 3 = 2　2わ

〔p. 51〕 **5** 10までのひきざん ④

1 8 − 6 = 2　2こ

2 7 − 4 = 3　3ぼん

〔p. 52〕 **5** 10までのひきざん ⑤

✿ ① 5　② 1

③ 2　④ 4

⑤ 3　⑥ 3

⑦ 6　⑧ 2

⑨ 4　⑩ 4

⑪ 6　⑫ 1

⑬ 1　⑭ 5

⑮ 4　⑯ 2

〔p. 53〕 **5** 10までのひきざん ⑥

✿ ① 8　② 5

③ 2　④ 2

⑤ 2　⑥ 3

⑦ 3　⑧ 7

⑨ 5　⑩ 1

⑪ 2　⑫ 3

⑬ 1　⑭ 1

⑮ 2　⑯ 4

〔p. 54〕 **5** 10までのひきざん ⑦

✿ ① 5　② 7

③ 6　④ 3

⑤ 1　⑥ 1

⑦ 0　⑧ 0

⑨ 0　⑩ 0

⑪ 0　⑫ 0

⑬ 0　⑭ 0

⑮ 0　⑯ 0

〔p. 55〕 **5** 10までのひきざん ⑧

✿ ① 8　② 3

③ 9　④ 6

⑤ 4　⑥ 7

⑦ 5　⑧ 2

⑨ 1　⑩ 1

⑪ 2　⑫ 3

⑬ 4　⑭ 5

〔p. 56〕 **6** 10よりおおきいかず ①

✿ ① 10と1，11

② 10と2，12

③ 10と3，13

④ 10と4，14

⑤ 10と5，15

キリトリ

〔p. 57〕 **6** 10よりおおきいかず ②

① 10と６，16
② 10と７，17
③ 10と８，18
④ 10と９，19
⑤ 10と10，20

〔p. 58〕 **6** 10よりおおきいかず ③

① 12 ② 17
③ 16 ④ 11
⑤ 15 ⑥ 14
⑦ 18 ⑧ 13
⑨ 19 ⑩ 20
⑪ 2 ⑫ 7
⑬ 5 ⑭ 3

〔p. 59〕 **6** 10よりおおきいかず ④

① 5 ② 4
③ 7 ④ 6
⑤ 9 ⑥ 10
⑦ 8 ⑧ 3
⑨ 1 ⑩ 2
⑪ 10 ⑫ 10
⑬ 10 ⑭ 10

〔p. 60〕 **6** 10よりおおきいかず ⑤

① 11，14，15，16
② 13，15，17，18
③ 17
④ 15
⑤ 20
⑥ 11，14，16，17
⑦ 13，17，18，19
⑧ 15，18，19，20

〔p. 61〕 **6** 10よりおおきいかず ⑥

○をつけるもの
① 11 ② 15
③ 11 ④ 20
⑤ 18 ⑥ 17
⑦ 14 ⑧ 20
⑨ 13 ⑩ 17
⑪ 19 ⑫ 16

〔p. 62〕 **6** 10よりおおきいかず ⑦

① 16
② 16
③ 18
④ 16
⑤ 18
⑥ 16
⑦ 18
⑧ 18
⑨ 18
⑩ 18

〔p. 63〕 **6** 10よりおおきいかず ⑧

① 12
② 11
③ 11
④ 12
⑤ 13
⑥ 15
⑦ 15
⑧ 14
⑨ 12
⑩ 15

〔p. 64〕 **7** なんじ・なんじはん ①

① 3じ　② 9じ
③ 7じ　④ 8じ
⑤ 6じ　⑥ 12じ
⑦ 5じ　⑧ 11じ

〔p. 65〕 **7** なんじ・なんじはん ②

①

②

③

④

⑤

⑥

⑦

⑧

〔p. 66〕 **7** なんじ・なんじはん ③

① 12じはん　② 9じはん
③ 7じはん　④ 1じはん
⑤ 6じはん　⑥ 5じはん
⑦ 8じはん　⑧ 3じはん

〔p. 67〕 **7** なんじ・なんじはん ④

①

②

③

④

⑤

⑥

⑦

⑧

〔p. 68〕 **8** どちらがながい ①

① (　)
(○)
(　)
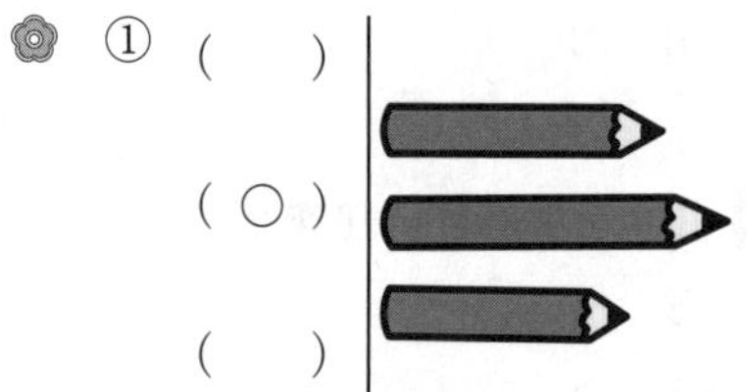

② (○)
(　)
(　)
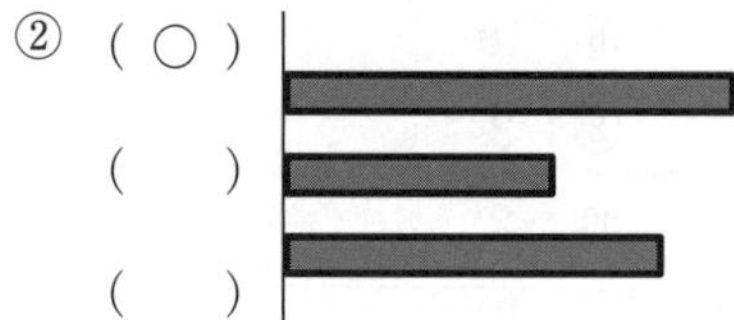

③ (○)
(　)
(　)
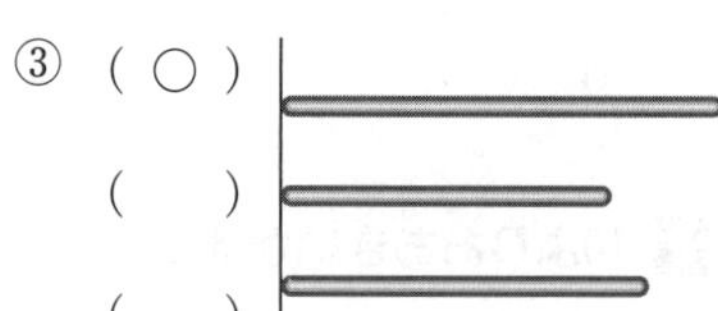

〔p. 69〕 **8** どちらがながい ②

① たて
② よこ

〔p. 70〕 **8** どちらがながい ③

1 ① 5
② 4

2 (　)
(○)
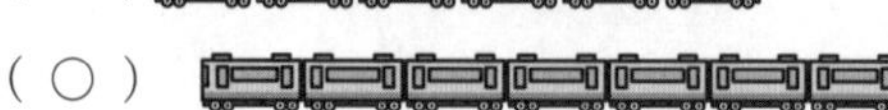

キリトリ

〔p. 71〕 **8** どちらがながい ④

① ㋐ 15　㋑ 4
　㋒ 7　㋓ 13
② ㋐
③ ㋑
④ 15－4＝11　11ます

〔p. 72〕 **9** 3つのかずのけいさん ①

3，3＋3，3＋3＋3
3＋3＋3＝9　9にん

〔p. 73〕 **9** 3つのかずのけいさん ②

① 6
② 7
③ 9
④ 10
⑤ 14
⑥ 15
⑦ 16
⑧ 17
⑨ 19
⑩ 20

〔p. 74〕 **9** 3つのかずのけいさん ③

① 9
② 6
③ 2
④ 1
⑤ 2
⑥ 5
⑦ 4
⑧ 12
⑨ 12
⑩ 1

〔p. 75〕 **9** 3つのかずのけいさん ④

① 11
② 13
③ 18
④ 15
⑤ 8
⑥ 8
⑦ 9
⑧ 9
⑨ 9
⑩ 7

〔p. 76〕 **10** どちらがおおい ①

① ㋐　② ㋐

〔p. 77〕 **10** どちらがおおい ②

①
②
③

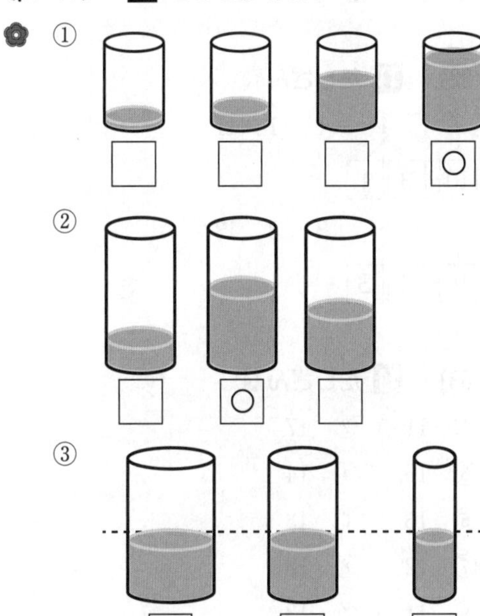

〔p. 78〕 **10** どちらがおおい ③

① ㋐ 5　㋑ 7
② ㋑，2

〔p. 79〕 **10** どちらがおおい ④

✿ ① ㋐ 3 ㋑ 6 ㋒ 7

② ㋒

〔p. 80〕 **11** たしざん ①

1 9 ＋ 3 2, 2, 12

10 ← 1 2

2 9 ＋ 6 5, 5, 15

10 ← 1 5

〔p. 81〕 **11** たしざん ②

1 8 ＋ 3 1, 1, 11

10 ← 2 1

2 8 ＋ 6 4, 4, 14

10 ← 2 4

〔p. 82〕 **11** たしざん ③

1 7 ＋ 4 1, 1, 11

10 ← 3 1

2 7 ＋ 6 3, 3, 13

10 ← 3 3

〔p. 83〕 **11** たしざん ④

✿ ① 11 ② 17
③ 16 ④ 14
⑤ 15 ⑥ 13
⑦ 12 ⑧ 18
⑨ 11 ⑩ 13
⑪ 12 ⑫ 14
⑬ 15 ⑭ 17
⑮ 16 ⑯ 11

〔p. 84〕 **11** たしざん ⑤

✿ ① 15 ② 13
③ 14 ④ 12
⑤ 16 ⑥ 14
⑦ 12 ⑧ 13
⑨ 11 ⑩ 15
⑪ 14 ⑫ 12
⑬ 13 ⑭ 11
⑮ 11 ⑯ 12

〔p. 85〕 **11** たしざん ⑥

✿ ① 13 ② 12
③ 11 ④ 11
⑤ 13 ⑥ 16
⑦ 15 ⑧ 14
⑨ 11 ⑩ 17
⑪ 12 ⑫ 18
⑬ 16 ⑭ 13
⑮ 15 ⑯ 14

〔p. 86〕 **11** たしざん ⑦

✿ ① 11 ② 11
③ 14 ④ 12
⑤ 18 ⑥ 12
⑦ 12 ⑧ 17
⑨ 11 ⑩ 16
⑪ 14 ⑫ 13
⑬ 14 ⑭ 11
⑮ 12 ⑯ 16

〔p. 87〕 **11** たしざん ⑧

✿ ① 15 ② 12
③ 11 ④ 14
⑤ 13 ⑥ 17
⑦ 15 ⑧ 11
⑨ 11 ⑩ 13
⑪ 11 ⑫ 16

キリトリ

キリトリ

キリトリ

⑬ 15　⑭ 12
⑮ 12　⑯ 13

〔p. 88〕 11 たしざん ⑨

✿ ① 13　② 15
③ 11　④ 15
⑤ 12　⑥ 11
⑦ 14　⑧ 13
⑨ 12　⑩ 12
⑪ 12　⑫ 13
⑬ 15　⑭ 14
⑮ 14　⑯ 12

〔p. 89〕 11 たしざん ⑩

1　9 + 2 = 11　11こ
2　6 + 7 = 13　13びき
3　8 + 7 = 15　15まい

〔p. 90〕 12 かたちあそび ①

1
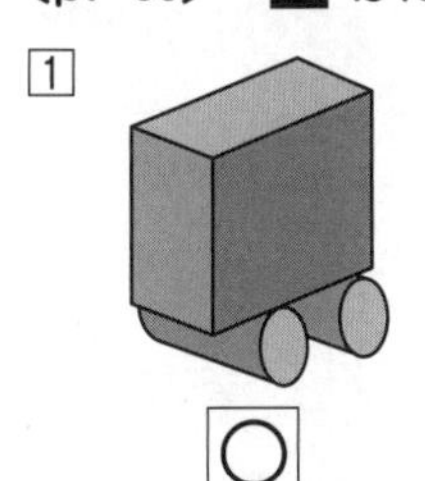
○
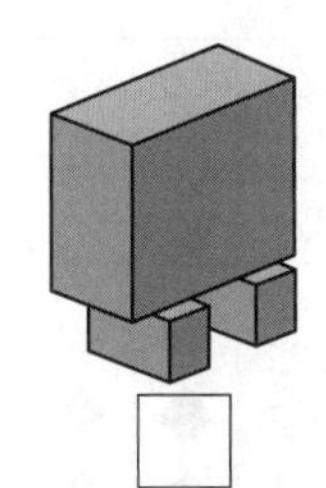

2
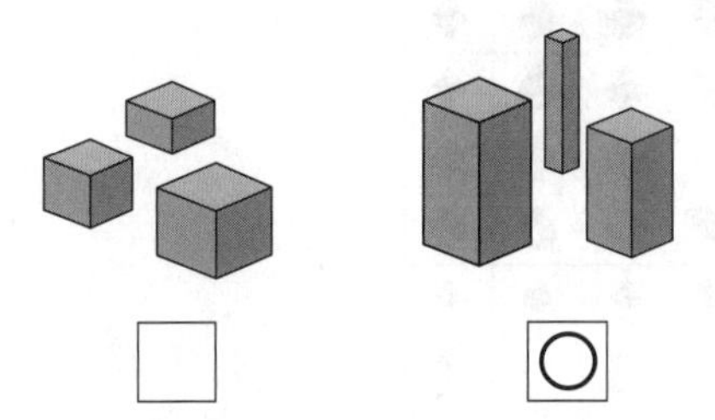
○（右）

〔p. 91〕 12 かたちあそび ②

1
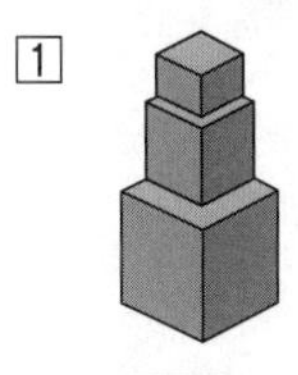

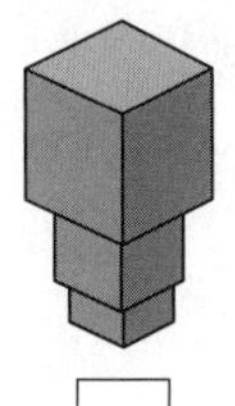
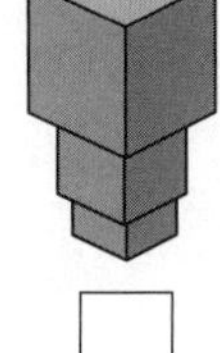

2
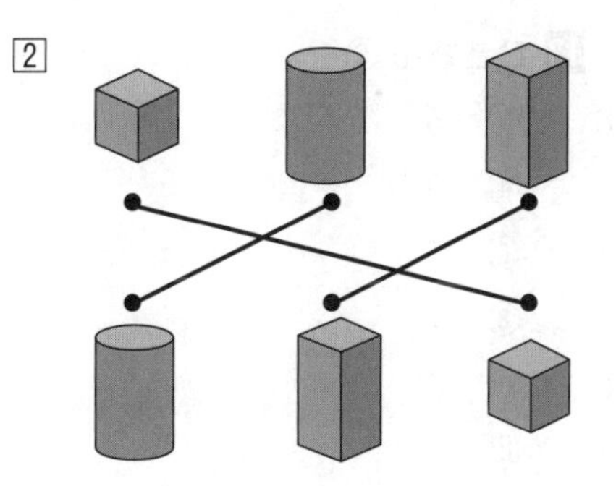

〔p. 92〕 13 ひきざん ①

1　13 − 9　3，1，1，3，4
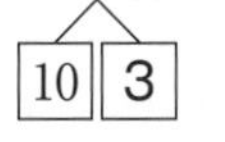
（3，1，4）でもよい

2　12 − 9　2，1，1，2，3
10 2
（2，1，3）でもよい

〔p. 93〕 13 ひきざん ②

1　14 − 8　4，2，2，4，6

（4，2，6）でもよい

2　11 − 8　1，2，2，1，3
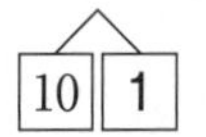
（1，2，3）でもよい

〔p. 94〕 13 ひきざん ③

1　12 − 7　2，3，3，2，5
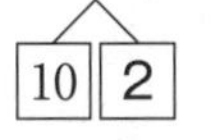
（2，3，5）でもよい

2　13 − 7　3，3，3，3，6
10 3

〔p. 95〕 13 ひきざん ④

✿ ① 7　② 5
③ 8　④ 2
⑤ 4　⑥ 6
⑦ 9　⑧ 3
⑨ 7　⑩ 5
⑪ 9　⑫ 3
⑬ 8　⑭ 4
⑮ 6　⑯ 4

〔p. 96〕 **13** ひきざん ⑤

✿ ① 8　② 5
③ 6　④ 9
⑤ 7　⑥ 5
⑦ 9　⑧ 7
⑨ 6　⑩ 8
⑪ 7　⑫ 6
⑬ 8　⑭ 9
⑮ 8　⑯ 7

〔p. 97〕 **13** ひきざん ⑥

✿ ① 9　② 8
③ 9　④ 9
⑤ 9　⑥ 3
⑦ 4　⑧ 6
⑨ 8　⑩ 2
⑪ 7　⑫ 5
⑬ 9　⑭ 3
⑮ 7　⑯ 5

〔p. 98〕 **13** ひきざん ⑦

✿ ① 7　② 2
③ 8　④ 4
⑤ 9　⑥ 9
⑦ 4　⑧ 8
⑨ 7　⑩ 5
⑪ 7　⑫ 7
⑬ 9　⑭ 8
⑮ 5　⑯ 6

〔p. 99〕 **13** ひきざん ⑧

✿ ① 9　② 3
③ 9　④ 8
⑤ 8　⑥ 9
⑦ 9　⑧ 8
⑨ 8　⑩ 3
⑪ 5　⑫ 9
⑬ 6　⑭ 7
⑮ 7　⑯ 6

〔p. 100〕 **13** ひきざん ⑨

✿ ① 8　② 9
③ 7　④ 7
⑤ 2　⑥ 9
⑦ 3　⑧ 3
⑨ 5　⑩ 6
⑪ 4　⑫ 8
⑬ 7　⑭ 8
⑮ 9　⑯ 6

〔p. 101〕 **13** ひきざん ⑩

1 12－9＝3　3ぼん
2 13－7＝6　6まい
3 14－8＝6　6にん

〔p. 102〕 **14** せいりしよう ①

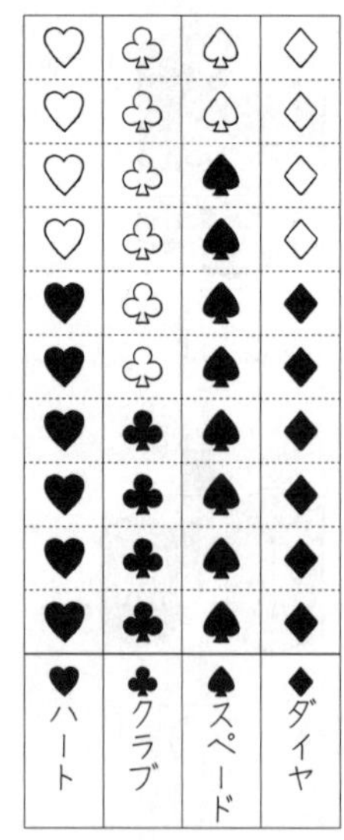

① スペード
② クラブ
③ ハートとダイヤ
④ 6こ

キリトリ
キリトリ
キリトリ

〔p. 103〕 **14** せいりしよう ②

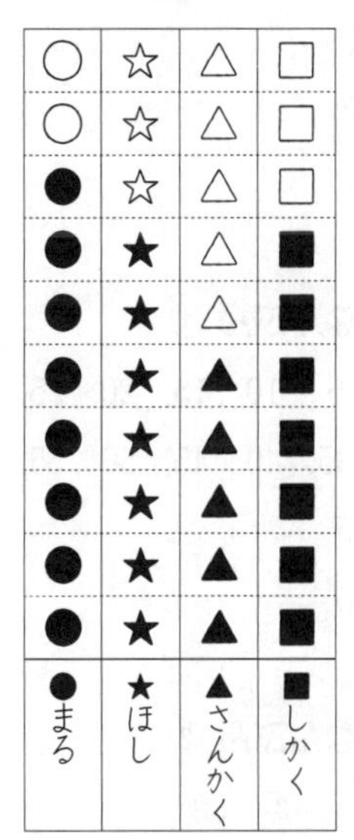

① まる

② さんかく

③ ほしとしかく

④ 5こ

〔p. 104〕 **14** せいりしよう ③

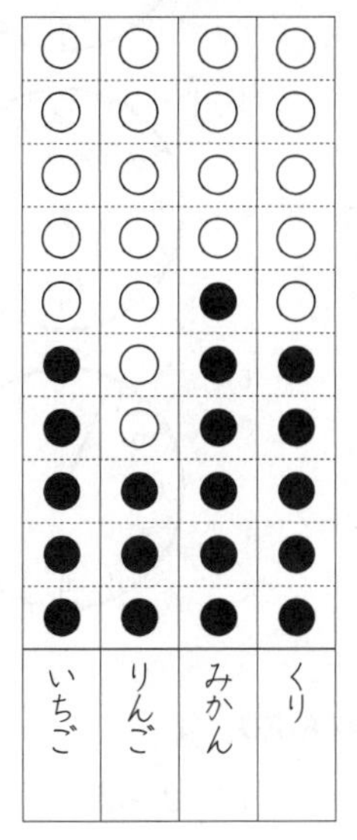

① みかん

② りんご

③ いちごとくり

④ 5こ

〔p. 105〕 **14** せいりしよう ④

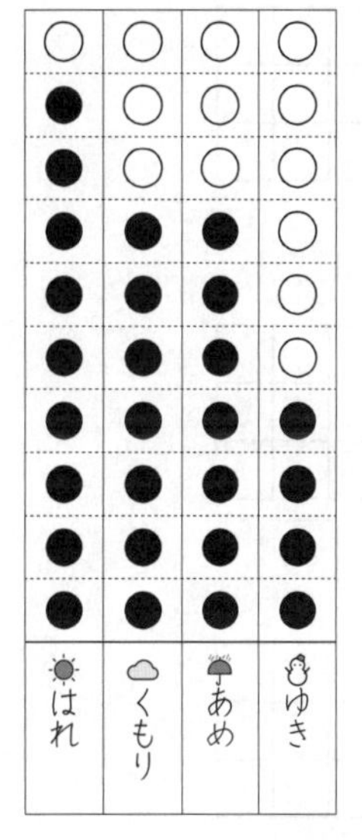

① はれ

② ゆき

③ くもりとあめ

④ 9こ

〔p. 106〕 **15** どちらがひろい ①

1 ①

②

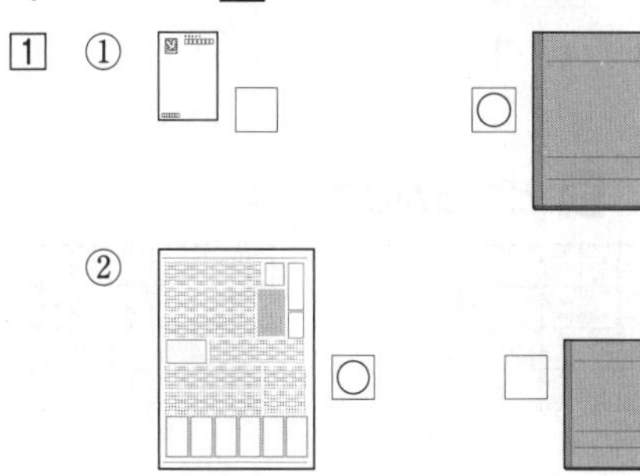

2 2, 4, 3, 1

〔p. 107〕 **15** どちらがひろい ②

1 ①

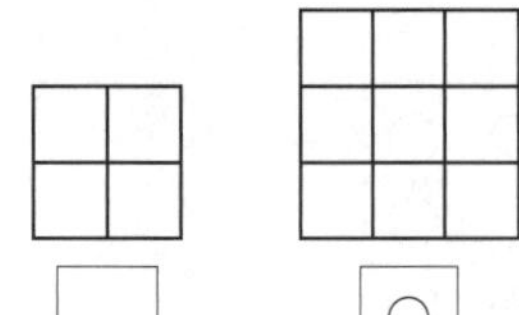

（　）（○）

②

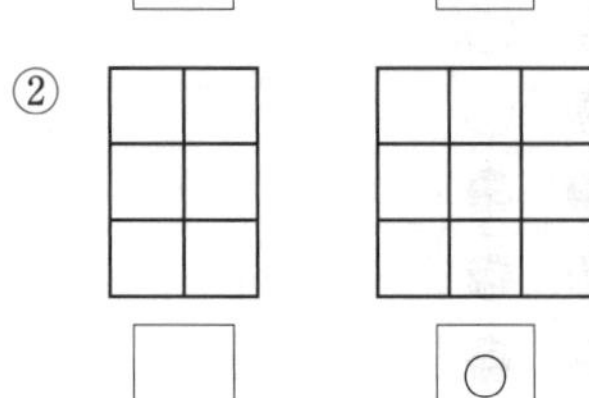

（　）（○）

③

（　）（○）

④

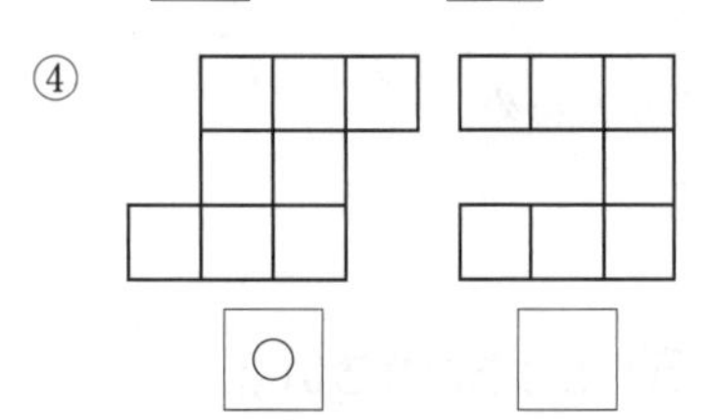

（○）（　）

2 2，3，4，1

〔p. 108〕 **15** どちらがひろい ③

✿ ①

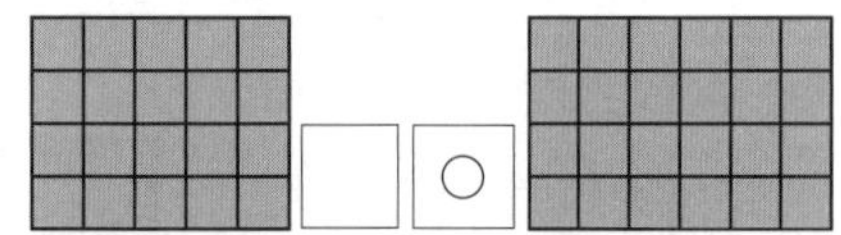

（　）（○）

②

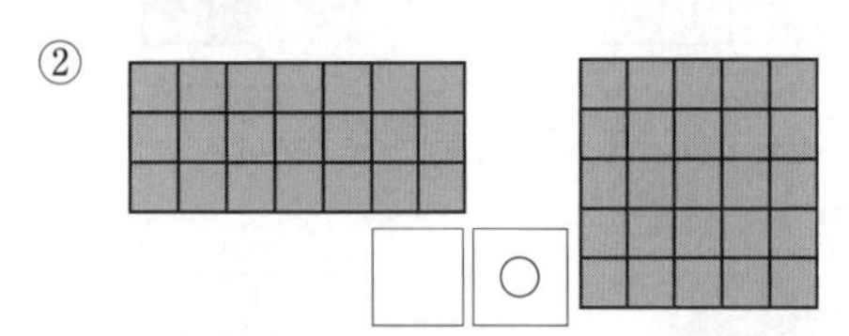

（　）（○）

③

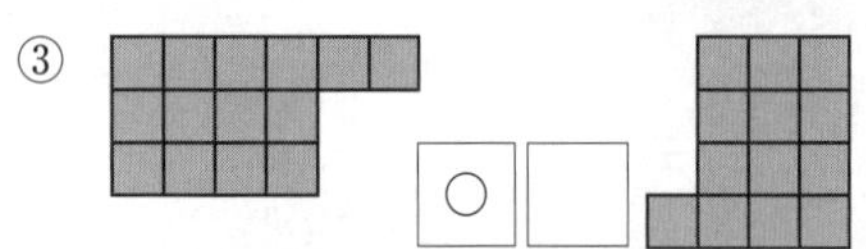

（○）（　）

④

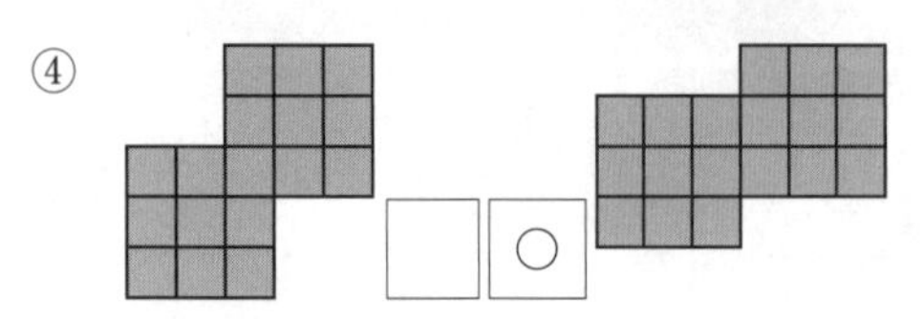

（　）（○）

〔p. 109〕 **15** どちらがひろい ④

✿ ① 2，3，4，1

② 1，3，4，2

③ 2，1，4，3

〔p. 110〕 **16** なんじなんぷん ①

1 （みぎまわり） 0，5，10，15，20，25，30，35，40，45，50，55

2 ① 10，15，20，25

② 30，40，45，50

〔p. 111〕 **16** なんじなんぷん ②

✿ ① 4 ② 22 ③ 38

④ 12 ⑤ 46 ⑥ 58

〔p. 112〕 **16** なんじなんぷん ③

✿ ①

②

③

④

⑤

⑥

〔p. 113〕 **16** なんじなんぷん ④

✿ ① 5じ56ぷん ② 1じ2ふん

③ 4じ44ふん ④ 10じ18ぷん

⑤ 11じ38ぷん ⑥ 1じ52ふん

〔p. 114〕 **17** ずをつかってかんがえよう ①

1 5 + 3 = 8 8ひき

2 6 + 3 = 9 9にん

キリトリ

〔p. 115〕 **17** ずをつかってかんがえよう ②

[1] 12－5＝7　<u>7ひき</u>

[2] 8－3＝5　<u>5にん</u>

〔p. 116〕 **17** ずをつかってかんがえよう ③

[1] 5＋3＝8　<u>8だい</u>

[2] 6＋3＝9　<u>9つ</u>

〔p. 117〕 **17** ずをつかってかんがえよう ④

[1] 6－4＝2　<u>2こ</u>

[2] 7－3＝4　<u>4こ</u>

〔p. 118〕 **18** かたちづくり ①

✿ ① 4まい　② 4まい

③ 5まい　④ 8まい

〔p. 119〕 **18** かたちづくり ②

✿ ① (れい)

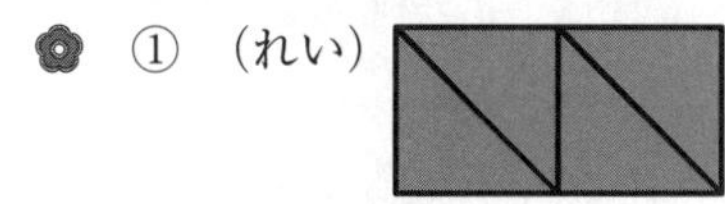

②

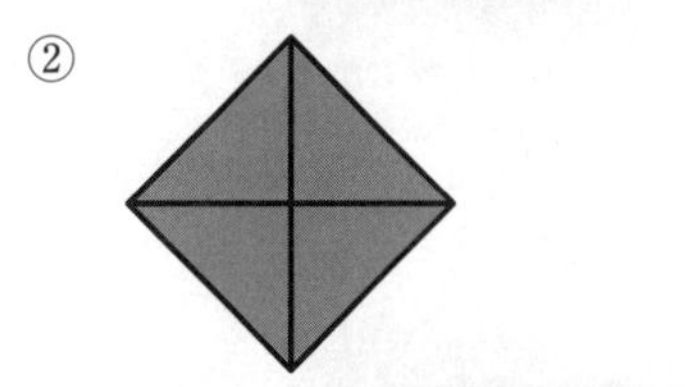

③ (れい)

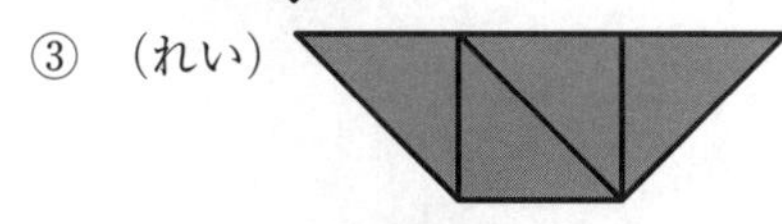

④ (れい)

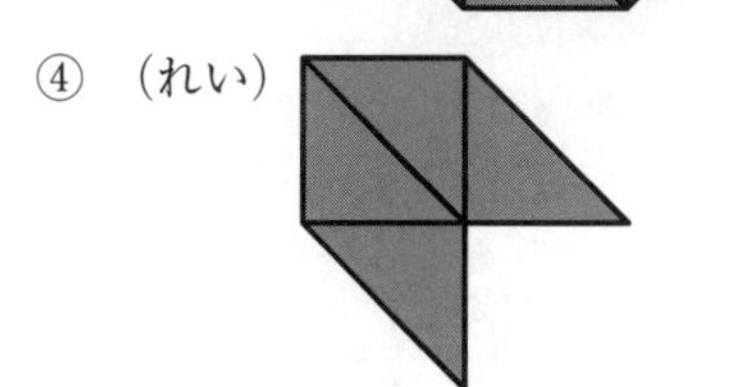

〔p. 120〕 **19** 20よりおおきいかず ①

✿ ① 10, 10, 6

10, 2, 20

20, 6, 26

② 10, 10, 10

10, 3, 30

〔p. 121〕 **19** 20よりおおきいかず ②

✿ ① 25　② 38

③ 30　④ 40

〔p. 122〕 **19** 20よりおおきいかず ③

[1] 55

[2] 67

[3] 45

〔p. 123〕 **19** 20よりおおきいかず ④

[1] ① 38

② 59

③ 84

[2] ① 7, 3

② 8, 5

③ 9, 0

〔p. 124〕 **19** 20よりおおきいかず ⑤

✿ ① ㋐ 81　㋑ 70

㋒ 65　㋓ 83

② ㋐ 70, 72

㋑ 30, 60

㋒ 15, 25

㋓ 20, 22

〔p. 125〕 **19** 20よりおおきいかず ⑥

[1] 10, 100, 1

[2] 100

〔p. 126〕 **19** 20よりおおきいかず ⑦

[1] 105

[2] 107

[3] ① 100, 101, 103

② 110, 112, 114

③ 119, 120, 122, 123

〔p. 127〕　**19** 20よりおおきいかず ⑧

✿ ① 70

② 70

③ 70

④ 100

⑤ 58

⑥ 28

⑦ 57

⑧ 77

〔p. 128〕　**19** 20よりおおきいかず ⑨

✿ ① 30

② 40

③ 60

④ 50

⑤ 53

⑥ 81

⑦ 91

⑧ 75

キリトリ

キリトリ

キリトリ